高等应用型人才培养精品教材

U0191967

5G网络概述

主　编　罗锋华　李　翔　汪　波
副主编　罗　曦　陈慕君　颜益平
　　　　刘　宁　王山凤　周艳萍
主　审　冯小玲　黄　华

电子工业出版社·
Publishing House of Electronics Industry
北京·BEIJING

内容简介

本书主要涵盖了 5G 移动通信技术的基础理论与技术、5G 网络部署与实施及典型应用等相关内容。书中首先回顾了历代移动通信系统的演进历程，介绍了为后续理解 5G 移动通信技术所必需的通信基础原理，然后阐述了 5G 的需求场景、5G 的网络架构与关键技术及 5G 网络部署与实施的方法。作者在编写时尽量使用通俗、简洁的语言，穿插大量的图表来阐述原理和技术，做到深入浅出地介绍相关内容。

本书主要适合从事移动通信网络规划、设计、实施等工程技术的人员与广大通信爱好者学习和参考。

图书在版编目（CIP）数据

5G 网络概述 / 罗锋华，李翔，汪波主编 . — 北京：电子工业出版社，2020.12
ISBN 978-7-121-41331-5

Ⅰ.①5… Ⅱ.①罗… ②李… ③汪… Ⅲ.①第五代移动通信系统 Ⅳ.①TN929.53

中国版本图书馆 CIP 数据核字（2021）第 116183 号

责任编辑：康静

印　　刷：北京缤索印刷有限公司
装　　订：北京缤索印刷有限公司
出版发行：电子工业出版社
　　　　　北京市海淀区万寿路173信箱　邮编100036
开　　本：787×1092　1/16　　印张：9.5　字数：249.6千字
版　　次：2020年12月第1版
印　　次：2020年12月第1次印刷
定　　价：49.80元

凡所购买电子工业出版社图书有缺损问题，请向购买书店调换。若书店售缺，请与本社发行部联系，联系及邮购电话：（010）88254888，88258888。

质量投诉请发邮件至 zlts@phei.com.cn，盗版侵权举报请发邮件至 dbqq@phei.com.cn。

本书咨询联系方式：（010）88254609 或 hzh@phei.com.cn。

前言

移动通信技术已经从第一代（1G）演进到第四代（4G），纵观整个移动通信系统的发展历程，每一次变革都有标志性的技术革新。1G于20世纪80年代初提出，是以模拟通信为代表的模拟蜂窝语音通信；2G是以时分多址（TDMA）和频分多址（FDMA）为主的数字蜂窝语音技术；3G是以码分多址（CDMA）为核心的窄带数据多媒体移动通信；而4G则是基于全IP的，以正交频分复用（OFDM）和多入多出（MIMO）为核心的宽带数据移动通信。

随着互联网和物联网的高速发展，高清视频、VR/AR、智能设备等新业务如雨后春笋般地涌现，未来通信网络需要更灵活、可靠、智能化的用户体验服务。为了适应新的更多元的业务需求，满足对未来万物互联网的构想，实现真正意义上的万物互联，未来移动通信网络不仅对网速提出了高要求，同时还对接入密度、网络时延、网络可靠性等方面提出更高要求。比如，峰值速率要求达到10Gbit/s以上，连接密度要求百万级，时延要求毫秒级。现有通信网络已无法满足以上这些新的业务要求，第五代移动通信（5G）技术因此应运而生。5G是国际电信联盟（ITU）制定的第五代移动通信标准，它的正式名称是IMT-2020。如果说3G和4G使得人与人互联，5G存在的真正意义在于：为万物互联打下基础。这种全新的网络接入方式将万事万物以最优的方式连接起来，这种统一的连接架构将会把移动技术的优势扩展到全新行业，并开创全新的商业模式。

为了满足移动通信快速发展的特点，要求从事相关专业的人员不断更新知识，本书正是为满足该需求而编写的，强调基础，力求体现新知识、新技术。由于5G大量的理论技术都是从前几代技术演进而来的，所以本书前几章涉及了前几代的移动通信技术，目的就是帮助初学者夯实基础，从而把握技术发展的来龙去脉，使其能更好地理解学习。

全书共6章：第1章为移动通信发展的概述，介绍了移动通信发展的历史背景，以及技术演进的脉络；第2章介绍了通信基本概念、信号的数字处理过程、无线电传输基础和天线基础，主要是为读者打好一个理论基础；第3章介绍了5G的需求和应用场景，主要介绍了5G在增强型移动宽带eMBB、低时延、高可靠通信uRLLC及大规模机器通信mMTC三方面的应用；第4章主要介绍了5G全新的网络架构，以及不同方案之间的演进过程；第5章为5G关键技术，主要介绍了新波形、非正交多址接入技术、Massive MIMO、毫米波、UDN、网络切片、D2D和C-RAN多项关键技术；第6章介绍了5G网络部署与实施，分析了4G和5G融合部署演进及5G网络的储备和改造。

本书由江西现代职业技术学院一线教师与江西意风电子通信技术有限公司工程技术人员共同编写，由罗锋华、李翔、汪波担任主编，罗曦、陈慕君、颜益平、刘宁、王山凤、周艳萍担任副主编，冯小玲、黄华对全书进行了审核。本书中第1章由李翔编写，第2章由罗锋华编写，第 3 章由汪波、颜益平编写，第 4 章由王山风、刘宁编写，第 5 章由陈慕君编写，第 6 章由罗曦、周艳萍编写。

　　本书在编写过程中，借鉴了大量国内外关于移动通信、5G 技术的书籍、资料和技术文档，甚至直接引用了其中的一些经典论述，在此表示诚挚的感谢！

　　由于编者水平有限，书中错漏和不妥之处在所难免，恳请专家、同行老师和读者批评指正。

编者

中国南昌

2020 年 9 月 25 日

目录

第 1 章 移动通信系统发展

1.1 什么是移动通信

1.1.1 通信

通信是指人与人之间或人与自然之间通过一定的行为或媒介进行的信息交流和传递。广义上讲，通信是指需要信息的双方或多方在自身意愿的情况下，采用任何方式和媒介，将信息从一方准确、安全地传递给另一方。通信是指信息的传输和交换，如图 1-1 所示。

图 1-1　通信

1. 广义的通信

广义的通信：无论使用何种方法或传输介质，只要信息从一个地方传输到另一个地方，均可称为通信。从这个意义讲，古代的快马八百里加急送信和利用烽火狼烟传递信息都属于通信。古人通过在驿站换快马的方式不停歇地传递紧急军情，古代驿站如图 1-2 所示。古代的士兵们去登台值勤，当发现紧急情况时，他们在白天烧木柴和狼粪，不点明火，只冒浓烟的叫"燧"，夜间点的是明火，叫作"烽"，由此来传递有敌人进犯的信息，如图 1-3 所示。

图 1-2　古代驿站

图 1-3　烽火狼烟

2. 狭义的通信

狭义的通信，是指日常使用的电信、广播和电视等。其中，电信是用"电"来传送信息的。电报通信中的电报机如图 1-4 所示，电话通信中的电话机如图 1-5 所示。电视就是观众使用如图 1-6 所示的电视机来收看电视台的视频节目。

图 1-4　电报机

图 1-5　电话机

图 1-6　电视机

1.1.2　移动通信

图 1-7　手机

移动通信是移动用户与固定用户或移动用户之间的一种通信方式，也即移动体之间或移动体与固定体之间的通信。移动物体可以是人，也可以是汽车、火车、游轮、收音机和其他移动物体。

也就是说，一个或两个通信方正在进行运动，包括陆海空移动通信。使用的频带为低频、中频、高频、甚高频和超高频。移动通信系统由移动台、基站和移动交换机组成。如果要同某移动台通信，则需移动交换局通过各基台向全网发出呼叫，被叫台收到后发出应答信号，移动交换局收到应答后分配一个信道给该移动台并从此话路信道中传送一信令使其振铃。目前使用最广泛的移动通信就是手机通信，手机如图 1-7 所示。

1.2　移动通信系统的发展

1.2.1　移动通信发展史

1897 年，由 M.G.Marconi 完成的无线通信实验，虽然今天来看只是固定点和拖船之间的简单通信，但它却宣告了移动通信的诞生。从此，人类通信技术进入了一个新的阶段。在接下来的 100 多年里，移动通信飞速发展，各种技术不断应用到移动通信中，并日趋完善。大规模集成芯片技术、光纤通信技术、软件技术、交换技术等得到广泛应用。移动通信能力不断提高，容量不断提高，频率利用率越来越高，系统性能越来越好，通信产品越来越成熟，品种越来越丰富，未来将以越来越快的速度推出新产品。回顾移动通信发展的历史，它大致经历了 5 个阶段。

第一阶段，从 20 世纪初到 40 年代，是发展的早期阶段。在此期间，一种特殊的移动通信系统首次在几个短波频段上被开发出来，它代表了底特律警方使用的汽车无线电系统。该系统的工作频率为 2MHz，到 20 世纪 40 年代已提高到 30~40MHz，可以认为这一阶段是现代移动通信的初级阶段，具有专用系统开发和工作频率低的特点。

第二阶段是 20 世纪 40 年代中期至 60 年代初，在此期间，公共移动通信业务开始出现。1946 年，根据美国联邦通信委员会（FCC）的计划，贝尔系统在圣路易斯建立了世界上第一个公用汽车电话网，被称为“城市系统”。当时使用 3 个信道，间隔 120kHz，通信方式为单工通信。随后，公共移动电话系统相继在西德（1950 年）、法国（1956 年）、英国（1959 年）等地出现。在该阶段美国贝尔实验室已经完成了人工交换系统的接续问题。这一阶段的特点是从专用移动网络向公共移动网络的过渡。连接方式为人工，网络容量小。

第三阶段是 20 世纪 60 年代中期至 70 年代中期，在此期间，美国使用了改进的移动电话系统（IMTS），采用 150MHz 和 450MHz 频段，采用大区制和中小容量，实现无线信道的自动选择，并能自动连接到公用电话网。德国还推出了技术水平相同的 B 网络。可以说，这一阶段是移动通信的改进和完善阶段，其特点是采用大区制、中小容量、使用 450MHz 频段、实现自动选频和自动连接。

第四阶段是 20 世纪 70 年代中期至 80 年代中期，是移动通信蓬勃发展的时期。1978 年年底，美国贝尔实验室开发了先进的移动电话系统（AMPS），建立了蜂窝移动通信网络，大大提高了系统容量。1983 年，它首次在芝加哥投入商业使用。同年 12 月，它也在华盛顿投入使用。此后，美国的服务领域逐渐扩大。到 1985 年 3 月，已扩展到 47 个地区，移动用户约 10 万人。其他工业化国家也发展了蜂窝公共移动通信网络。日本在 1979 年把 800MHz 汽车电话系统（HAMTS）在东京、大阪、神户等地投入商业使用。1984 年，西德完成了频率为 450MHz 的 C 网络。英国在 1985 年开发了 TACS，它首先在伦敦投入使用，然后以 900MHz 的频段覆盖全国。加拿大推出了 450MHz 移动电话系统。1980 年，瑞典等 4 个北欧国家开发了 NMT-450 移动通信网并投入使用。

这一阶段的特点是蜂窝移动通信网络成为一个实用的系统，并在世界范围内迅速发展。除了用户需求快速增长的主要驱动力外，技术进步也提供了几个条件。首先，微电子技术在这一时期取得了长足的进步，使通信设备小型化有了可能性，各种便携式移动台不断推出。其次，提出并形成了一种新的移动通信系统。随着用户数量的增加，区域系统提供的容量很快就会饱和，因此有必要探索一种新的系统。这一领域最重要的突破是贝尔实验室 20 世纪 70 年代提出的"蜂窝网络"概念。蜂窝网络即所谓的蜂窝系统，由于实现了频率复用，因此大大提高了系统容量。可以说，小区的概念真正解决了公共移动通信系统所需的大容量和有限频率资源之间的矛盾。最后，随着大规模集成电路的发展，微处理技术日趋成熟，计算机技术的飞速发展，为大规模通信网络的管理和控制提供了技术手段。

第五阶段始于 20 世纪 80 年代中期，是数字移动通信系统的发展和成熟期。

以 AMPS 和 TACS 为代表的第一代蜂窝移动通信网是模拟系统。模拟蜂窝网虽然取得了很大成功，但也暴露了一些问题。例如，频谱利用率低、移动设备复杂、成本昂贵、业务类型有限、通话容易被窃听等，主要问题是其容量已不能满足用户日益增长的需求。解决这些问题的方法是开发新一代的数字蜂窝移动通信系统。数字无线传输频谱利用率高，可以大大提高系统容量。此外，数字网络可以提供语音和数据服务，并与 ISDN 兼容。事实上，早在 20 世纪 70 年代末，当模拟蜂窝系统还处于发展阶段时，一些发达国家就开始研究数字移动通信系统。到 20 世纪 80 年代中期，欧洲首先引入了泛欧数字移动通信网（GSM）系统。随后，美国和日本也开发了自己的数字移动通信系统。

与其他现代技术的发展一样，移动通信技术的发展也在加速。目前，在数字蜂窝网络方兴未艾之际，对未来移动通信的讨论也如火如荼。人们提出了各种各样的方案，其中最流行的是所谓的个人移动通信。至于这一制度的概念和结构，各处的解释并不一致。但有一点是肯定的：未来移动通信系统将提供全球优质服务，真正实现随时随地为任何人提供通信服务的最高目标。

1.2.2 蜂窝移动通信的发展

蜂窝移动通信系统又可以分为以下几个发展阶段：第一代移动通信系统（1G），第二代移动通信系统（2G），第三代移动通信系统（3G），第四代移动通信系统（4G），第五代移动通信系统（5G）。蜂窝移动通信的发展如图 1-8 所示。

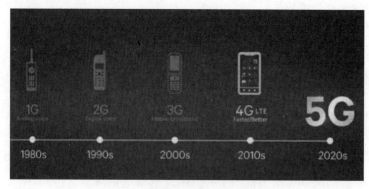

图 1-8 蜂窝移动通信的发展

1. 第一代移动通信系统

第一代移动通信技术（1G）是指原有的模拟话音专用蜂窝电话标准。

（1）发展阶段。20 世纪 70 年代中期至 80 年代中期，美国贝尔实验室于 1978 年年底开发了先进的移动电话系统（AMPS），建立了蜂窝移动通信网络，极大地提高了系统容量。

1983 年，它分别在芝加哥和华盛顿投入商业使用。此后，美国的服务区逐渐扩大。

（2）主要技术。主要采用的是模拟技术和频分多址（FDMA）技术。

FDMA 将频带划分为多个信道，为多个用户提供不同的载波（信道），同时实现多址接入。在一个频率信道中，只能同时传输一个用户的业务信息；或者以载波频率来划分信道，每个信道占用一个载频，相邻的载频应满足传输带宽的要求。在模拟移动通信中，频分多址是最常用的多址方式。每个载波频率之间的间隔为 30kHz 或 25kHz。在数字移动通信中频分多址可以单独使用或与其他多址方式混合使用，通常它与 TDMA 或 CDMA 结合使用。此时，每个载波频率可以有多个 TDMA 信道（时隙）或 CDMA 的多个码信道。载波之间的间隔也很大，从几百千赫到几兆赫不等。单独使用 FDMA 模式，每个载波频率仅发送一个用户信号。频带较窄，移动台设备简单。但是，基站设备庞大复杂，发射机数量和信道数量一样多，因此需要天线共用器，功率损耗大。同时，越区切换比较复杂，在切换过程中通信会中断几十到几百毫秒，数据传输会发生数据丢失。

（3）代表系统。包括高级移动电话系统（AMPS）和全球接入通信系统（TACS）。

高级移动电话系统（Advanced Mobile Phone System，AMPS）是由美国 AT&T 开发的最早的蜂窝电话系统标准。

AMPS 是第一代蜂窝技术，使用单独的频带，或者说"信道"，为每次对话服务（详见 FDMA）。它因此需要相当大的带宽来支持一个数量庞大的用户群体。在通用术语中，AMPS 常常被当作更早的"0G"改进型移动通信服务，只不过 AMPS 使用更多的计算功率来选择频谱、切换到 PSTN 线路的通话，以及处理登记和呼叫建立。

真正将 AMPS 从更早的 0G 系统中区分出来的是最后的呼叫建立功能。在 AMPS 中，蜂窝中心可以根据信号强度灵活地分配信道给每个手持终端，允许相同的频率在完全不同的位置复用，并且不会有干扰。这使得在一个地区内，大量的手持终端被同时支持成为可能。AMPS 的创始者们发明了"蜂窝"这个术语正是因为它在一个系统里使用的都是小的六边形"蜂窝"形状。

TACS 的英文全称是 Total Access Communications System，它是一种全入网通信系统技术。该技术按照英国标准而设计的模拟式移动电话系统，其频率范围为 900MHz。

TACS 系统也是一种模拟移动通信系统，提供了全双工、自动拨号等功能，与 AMPS 系统类似，它在地域上将覆盖范围划分成小单元，每个单元复用频带的一部分以提高频带的利用率，即在干扰受限的环境下，依赖于适当的频率复用规划（特定地区的传播特性）和频分复用（FDMA）来提高容量，实现真正意义上的蜂窝移动通信。第一代移动通信系统的巨头是爱立信、摩托罗拉，当年流行如图 1-9 所示的摩托罗拉公司生产的大哥大移动电话。

图 1-9 摩托罗拉大哥大移动电话

（4）主要缺点。由于采用的是模拟技术，1G 系统的容量十分有限。此外，安全性和抗干扰性也存在较大的问题。1G 系统的先天不足，使得它无法真正大规模普及和应用，价格更是非常昂贵，成为当时的一种奢侈品和财富的象征。与此同时，不同国家的各自为政也使得 1G 的技术标准各不相同，即只有"国家标准"，没有"国际标准"，国际漫游成为一个突出的问题。这些缺点都随着第二代移动通信系统的到来得到了很大的改善。

2. 第二代移动通信系统

为了弥补模拟移动通信系统的不足，提出了第二代移动通信系统——数字蜂窝移动通信系统。

（1）发展阶段。20世纪80年代中期至20世纪末，是2G这样的数字移动通信系统的发展和成熟时期。早在1983年，欧洲开始开发GSM。GSM是数字TDMA系统，1991年在德国首次部署，它是世界上第一个数字蜂窝移动通信系统。1988年，NA-TDMA（北美TDMA），有时也叫DAMPS（数字AMPS），在美国作为数字标准得到了表决通过。1989年，美国Qualcomm公司开始开发窄带CDMA。1995年美国电信产业协会（TIA）正式颁布了N-CDMA的标准，即IS-95A。随着IS-95A的进一步发展，于1998年TIA制定了新的标准IS-95。

（2）主要技术。欧洲的GSM和美国的CDMA采用GSM GPRS、CDMA的IS-95B技术，数据提供能力可达115.2Kbit/s（bit/s有时写为bps），全球移动通信系统（GSM）采用增强型数据速率（EDGE）技术，速率可达384Kbit/s。

① GPRS是通用分组无线业务（General Packet Radio Service）的英文简称，是2G迈向3G的过渡产业，是GSM系统上发展出来的一种新的承载业务，目的是为GSM用户提供分组形式的数据业务。它特别适用于间断的、突发性的、频繁的、少量的数据传输，也适用于偶尔的大数据量传输。GPRS理论带宽可达171.2Kbit/s，实际应用带宽在40~100Kbit/s。在此信道上提供TCP/IP连接，可以用于Internet连接、数据传输等应用。

②码分复用（Code Division Multiplexing Access，CDMA）是另一种共享信道的方法，每一个用户可以在同样的时间使用同样的频带进行通信。在CDMA系统中，发送端用互不相干、相互正交（准正交）的地址去调制所要发送的信号，接收端则利用码型的正交性通过地址从混合的信号中选出相应信号。

CDMA最初用于军事通信，因为这种系统发送的信号有很强的抗干扰能力，其频谱类似于白噪声，不易被敌人发现。随着技术的进步，CDMA设备的价格和体积都大幅度下降，因而现在已广泛使用在民用的移动通信中，特别是在无线局域网中。采用CDMA可提高通信的话音质量和数据传输的可靠性，减少干扰对通信的影响，增大通信系统的容量（是使用GSM的系统容量的4~5倍），降低手机的平均发射功率等。

（3）主要的第二代手机通信技术规格标准。

① GSM：基于TDMA所发展，源于欧洲，目前已全球化。

② IDEN：基于TDMA所发展，美国独有的系统，被美国电信系统商Nextell使用。

③ IS-136（也叫作D-AMPS）：基于TDMA所发展，是美国最简单的TDMA系统，用于美洲国家。

④ IS-95（也叫作CDMAOne）：基于CDMA所发展，是美国最简单的CDMA系统，用于美洲和亚洲一些国家。

⑤ PDC（Personal Digital Cellular）：基于TDMA所发展，仅在日本普及。

（4）主要特点。第二代移动通信系统采用了数字化，具有保密性强、频谱利用率高的特点，能提供丰富的业务，标准化程度高并为用户提供无缝的国际漫游，使得移动通信得到了空前的发展，从过去的补充地位跃居通信的主导地位。第二代移动通信系统的巨头是诺基亚、爱立信，当年流行如图1-10所示诺基亚公司生产的诺基亚手机。

图1-10 诺基亚手机

3. 第三代移动通信系统

（1）发展背景。在第二代数字移动通信系统中，通信标准的无序性产生了百花齐放局面，虽然极大地促进了移动通信前期局部性的高速发展，但也较强地制约了移动通信后期全球性的进一步开拓，即包括不同频带利用在内的多种通信标准并存局面，使得"全球通"漫游业务很难真正实现，同时现有带宽也无法满足信息内容和数据类型日益增长的需要。第二代移动通信所投入的巨额软硬件资源和已经占有的庞大市场份额决定了第三代移动通信只能与第二代移动通信在系统方面兼容地平滑过渡，同时也就使得第三代移动通信标准的制定显得复杂多变，难以确定。

（2）发展阶段。自 2000 年左右开始，伴随着对第三代移动通信的大量论述，以及 2.5G（B2G）产品 GPRS（通用无线分组业务）系统的过渡，3G 走上了通信舞台的前沿。

（3）主要技术标准有三种：欧洲的 WCDMA 系统、美国的 CDMA2000 系统和中国的 TD-SCDMA 系统。

① WCDMA 系统。WCDMA 是通用移动通信系统（UMTS）的空中接口技术。全称为 Wideband CDMA，也称为 CDMA Direct Spread，意为宽频分码多重存取，这是基于 GSM 网发展出来的 3G 技术规范，是欧洲提出的宽带 CDMA 技术，它与日本提出的宽带 CDMA 技术基本相同，目前正在进一步融合。其支持者主要是以 GSM 系统为主的欧洲厂商，日本公司也或多或少参与其中，包括欧美的爱立信、阿尔卡特、诺基亚、朗讯、北电，以及日本的 NTT、富士通、夏普等厂商。这套系统能够架设在现有的 GSM 网络上，对于系统提供商而言可以较轻易地过渡，而 GSM 系统相当普及的亚洲对这套新技术的接受度相当高。因此 WCDMA 具有先天的市场优势。该标准提出了 GSM（2G）→ GPRS → EDGE → WCDMA（3G）的演进策略。GPRS 是 General Packet Radio Service（通用分组无线业务）的简称，EDGE 是 Enhanced Data rate for GSM Evolution（增强数据速率的 GSM 演进）的简称，这两种技术被称为 2.5 代移动通信技术。

② CDMA2000 系统。CDMA2000 由北美最早提出，能与现有的 IS-95CDMA 后向兼容。CDMA2000 技术得到主要分布在北美和亚太地区运营商的支持。北美电信标准组织向 ITU 提出的 CDMA2000，其核心技术为 Wideband CDMAOne 技术，CDMAOne 是以 IS-95 为标准的各种 CDMA 产品的总称。IS-2000 是宽带 CDMA 技术的 CDMA2000 正式标准总称。CDMA2000 继承了 IS-95 窄带 CDMA 系统的技术特点，网络运营商同样可以在窄带 CDMA 网络中更换或增加部分网络设备过渡到 3G。CDMA2000 是 ITU 规定的 3G 无线传输技术之一，是从窄频 CDMAOne 数字标准衍生出来的，可以从原有的 CDMAOne 结构直接升级到 3G，建设成本低廉。按照使用的带宽来分，CDMA2000 可以分为 1x 系统和 3x 系统。其中 1x 系统使用 1.25MHz 的带宽，提供的数据业务速率最高只能达到 307Kbit/s。在 1x 系统以后，又有 1x EV-DO 和 1x EV-DV 系统。其中 1x EV-DO 系统着重提高了数据业务的性能，将用户的最大数据业务传送速率提高到 2.4Mbit/s。而 1xEV-DV 系统将数据业务最大速率提高到 3.1Mbit/s 的同时，又进一步提高了语音业务的容量。

CDMA2000-3X（3GPP2 规范为 IS-2000-A），也称为宽带 CDMAOne，3x 表示 3 载波，即 3 个 1.25MHz，共 3.75MHz 的频带宽度。它与 CDMA2000-1x 的主要区别是下行 CDMA 信道采用 3 载波方式；而 CDMA2000-1x 用单载波方式，因此它可以提高系统的传输速率。它在 CDMA2000-1x 标准的基础上提供附加功能和相应业务支持。这些特性包括：提供比 CDMA2000-1x 更大的系统容量；提供 2Mbit/s 的数据速率；实现与 CDMA2000-1x 和

CDMAOne 系统的向后兼容性等。

③ TD-SCDMA 系统。TD-SCDMA 的中文含义为时分复用同步码分多址接入，是由中国第一次提出、在无线传输技术（RTT）的基础上完成并已正式成为被 ITU 接纳的国际移动通信标准。这是中国移动通信界的一次创举和对国际移动通信行业的贡献，也是中国在移动通信领域取得的前所未有的突破。

TD-SCDMA 中的 TD 指时分复用，也就是指在 TD-SCDMA 系统中单用户在同一时刻双向通信（收发）的方式是 TDD（时分双工），在相同的频带内，在时域上划分不同的时段（时隙）给上、下行进行双工通信，可以方便地实现上、下行链路间的灵活切换。例如根据不同的业务对上、下行资源需求的不同来确定上、下行链路间的时隙分配转换点，进而实现高效率地承载所有 3G 对称和非对称业务。与 FDD 模式相比，TDD 可以运行在不成对的射频频谱上，因此在当前复杂的频谱分配情况下它具有非常大的优势。TD-SCDMA 通过最佳自适应资源的分配和最佳频谱效率，可支持速率从 8Kbit/s 到 2Mbit/s 及更高速率的语音、视频电话、互联网等各种 3G 业务。

TD-SCDMA 作为 TDD 模式技术，比 FDD 更适用于上下行不对称的业务环境，是多时隙 TDMA 与直扩 CDMA、同步 CDMA 技术合成的新技术。同时，作为当前世界最为先进的传输技术之一，TD-SCDMA 标准建议所采用的空中接口技术很容易同其他技术相融合，如智能天线技术、同步 CDMA 技术及软件无线电技术。其中，智能天线技术有效地利用了 TDD 上下行链路在同一频率上工作的优势，可大大增加系统容量，降低发射功率，更好地克服无线传播中遇到的多径衰落问题。

良好的兼容性所带来的最大利益就是可以通过多种途径实现向 3G 的跨越，从而避免来自 FDD CDMA 技术领域内的众多专利问题。同时，TD-SCDMA 中还应用了联合检测、软件无线电、接力切换等技术，使系统的整体性能获得很大程度的提高，从而在硬件制造投资总成本控制上获得了更多优势。

（4）主要特点。

①具有全球范围设计的，与固定网络业务及用户互连，无线接口的类型尽可能少和高度兼容性。

②具有与固定通信网络相比拟的高语音质量和高安全性。

③具有在本地采用 2Mbit/s 高速率接入和在广域网采用 384Kbit/s 接入速率的数据率分段使用功能。

④具有在 2GHz 左右的高效频谱利用率，且能最大限度地利用有限带宽。

⑤移动终端可连接地面网和卫星网，可移动使用和固定使用，可与卫星业务共存和互连。

⑥能够处理包括国际互联网和视频会议、高数据率通信和非对称数据传输的分组和电路交换业务。

⑦支持分层小区结构，也支持包括用户向不同地点通信时浏览国际互联网的多种同步连接。

⑧语音只占移动通信业务的一部分，大部分业务数据是非话数据和视频信息。

⑨一个共用的基础设施，可支持同一地方的多个公共的和专用的运营公司。

⑩手机体积小、重量轻，具有真正的全球漫游能力。

⑪具有以数据量、服务质量和使用时间为收费参数，而不是以距离为收费参数的新收费

机制。

　　第三代移动通信系统提供包括语音、数据、视频等丰富内容的移动多媒体业务，也要求手机的功能越来越丰富，从此进入了智能手机时代，如图1-11所示为风靡全球的iPhone4S手机。

图1-11　iPhone4S手机

4. 第四代移动通信系统

（1）发展背景。虽然3G较之2G可以提供更大容量、更高的通信质量并且支持多媒体应用，但是随着人们对3G技术及其应用研究的不断深入，3G技术在支持IP多媒体业务、提高频谱利用率以及资源综合优化等方面的局限性也渐露端倪，推动了第四代移动通信系统的产生。

　　4G通信技术在3G通信技术基础上不断优化升级、创新发展，融合了3G通信技术的优势，并衍生出了一系列自身固有的特征，以WLAN技术为发展重点。4G通信技术的创新使其与3G通信技术相比具有更大的竞争优势。首先，4G通信在图片、视频传输上能够实现原图、原视频高清传输，其传输质量与计算机画质不相上下。其次，利用4G通信技术，在软件、文件、图片、音视频下载上其速度最高可达到每秒几十兆，这是3G通信技术无法实现的，同时这也是4G通信技术一个显著优势；这种快捷的下载模式能够为人们带来更佳的通信体验，也便于日常学习中学习资料的下载。最后，在网络高速便捷的发展背景下，用户对流量成本也提出了更高的要求，从当前4G网络通信收费来看，价格较高，但是各大运营商针对不同的群体也推出了对应的流量优惠政策，能够满足不同消费群体的需求。

　　（2）主要技术。以OFDM技术、MIMO技术、SC-FDMA技术、高阶调制技术为核心。

　　① OFDM技术。OFDM技术是LTE系统的主要技术之一，它的基本思想是把高速数据流分散到多个正交的子载波上传输，从而使子载波上的符号速率大大降低，符号持续时间大大延长，因而对时延扩展有较强的抵抗力，减小了符号间干扰的影响。通常在OFDM符号前加入保护间隔，只要保护间隔大于信道的时延扩展则可以完全消除符号间干扰ISI。

　　② MIMO技术。MIMO作为提高系统传输率的最主要手段，也受到了广泛关注。由于OFDM的子载波衰落情况相对平坦，十分适合与MIMO技术相结合，提高系统性能。MIMO系统在发射端和接收端均采用多天线或阵列天线和多通道。多天线接收机利用空时编码处理能够分开并解码数据子流，从而实现最佳的处理。若各发射接收天线间的通道响应独立，则多入多出系统可以创造多个并行空间信道。通过这些并行空间信道独立地传输信息，数据速率必然可以提高。MIMO将多径无线信道与发射、接收视为一个整体进行优化，从而实现高的通信容量和频谱利用率。这是一种近于最优的空域时域联合的分集和干扰对消处理。当功率和带宽固定时，多入多出系统的最大容量或容量上限随最小天线数的增加而线性增加。而在同样条件下，在接收端或发射端采用多天线或天线阵列的普通智能天线系统，其容量仅随天线数的对数增加而增加。

　　③ SC-FDMA技术。SC-FDMA技术是一种单载波多用户接入技术，它的实现比OFDM/OFDMA简单，但性能逊于OFDM/OFDMA。相对于OFDM/OFDMA，SC-FDMA具有较低的PAPR。发射机效率较高，能提高小区边缘的网络性能。最大的好处是降低了发射终端的峰均功率比、减小了终端的体积和成本，这是选择SC-FDMA作为LTE上行信号接入方式的一个主要原因。其特点还包括频谱带宽分配灵活、子载波序列固定、采用循环前缀对抗多径

衰落和可变的传输时间间隔等。

④高阶调制技术。LTE 在下行方向采用 QPSK、16QAM 和 64QAM，在上行方向采用 QPSK 和 16QAM。高峰值传送速率是 LTE 下行链路需要解决的主要问题。为了实现系统下行 100Mbit/s 峰值速率的目标，在 3G 原有的 QPSK、16QAM 基础上，LTE 系统增加了 64QAM 高阶调制。

（3）技术标准。国际电信联盟（ITU）已经将 WiMAX、HSPA+、LTE、LTE-Advanced、Wireless MAN-Advanced 纳入 4G 标准里，目前 4G 标准已经达到了 5 种。在应用上使用比较广泛的主要是 LTE 和 WiMAX。

① LTE。LTE（Long Term Evolution，长期演进）是由 3GPP（The 3rd Generation Partnership Project，第三代合作伙伴计划）组织制定的 UMTS（Universal Mobile Telecommunications System，通用移动通信系统）技术标准的长期演进，于 2004 年 12 月在 3GPP 多伦多会议上正式立项并启动。LTE 是无线数据通信技术标准。LTE 的当前目标是借助新技术和调制方法提升无线网络的数据传输能力和数据传输速度，如新的数字信号处理（DSP）技术，这些技术大多于 2000 年前后提出。LTE 的远期目标是简化和重新设计网络体系结构，使其成为 IP 化网络，这有助于减少 3G 转换中的潜在不良因素。

LTE 技术主要存在 TDD 和 FDD 两种主流模式，两种模式各具特色。其中，FDD-LTE 在国际中应用广泛，而 TD-LTE 在我国较为常见。

LTE（Long Term Evolution，长期演进）项目是 3G 的演进，是 3G 与 4G 技术之间的一个过渡，是 3.9G 的全球标准。它改进并增强了 3G 的空中接入技术，采用 OFDM 和 MIMO 作为其无线网络演进的唯一标准。在 20MHz 频谱带宽下提供下行 100Mbit/s 与上行 50Mbit/s 的峰值速率，改善了小区边缘用户的性能，提高了小区容量和降低了系统延迟。

② WiMAX。WiMAX（World Interoperability for Microwave Access）即全球微波接入互操作性，是基于 IEEE802.16 标准的一项无线城域网接入技术，其信号传输半径可达 50 千米，基本上能覆盖到城郊。正是由于这种远距离传输特性，WiMAX 将不仅仅是解决无线接入的技术，还能作为有线网络接入（Cable、DSL）的无线扩展，方便地实现边远地区的网络连接。由于成本较低，将此技术与需要授权或免授权的微波设备相结合之后，将扩大宽带无线市场，改善企业与服务供应商的认知度。一如当年对提高 802.11 使用率有很大功劳的 Wi-Fi 联盟，WiMAX 也成立了论坛。WiMAX 论坛于 2001 年由众多无线通信设备 / 器件供应商发起组成，是一个非营利性组织，以英特尔为首，目标是促进 IEEE802.16 标准规定的宽带无线网络的应用推广，提高大众对宽频潜力的认识，保证采用相同标准的不同厂家宽带无线接入设备之间的互通性，力促供应商解决设备兼容问题，借此加速 WiMAX 技术的使用率，让 WiMAX 技术成为业界使用 IEEE802.16 系列宽频无线设备的标准。WiMAX 的优势是：第一，实现更远的传输距离，WiMAX 能实现的 50 千米的无线信号传输距离是无线局域网所不能比拟的。网络覆盖面积是 3G 发射塔的 10 倍，只要少数基站建设就能实现全城覆盖，这样就使得无线网络应用的范围大大扩展。第二，更高速的宽带接入，WiMAX 所能提供的最高接入速度是 70Mbit/s，这个速度是 3G 所能提供的宽带速度的 30 倍。第三，优良的最后一公里网络接入服务，作为一种无线城域网技术，它可以将 Wi-Fi 热点连接到互联网，也可作为 DSL 等有线接入方式的无线扩展，实现最后一公里的宽带接入。WiMAX 可为 50 千米线性区域内提供服务，用户不需要线缆即可与基站建立宽带连接。第四，多媒体通信服务，由于 WiMAX 较之 Wi-Fi 具有更好的可扩展性和安全性，从而能够实现电信级的多媒体通信服

务。基于上述优势，WiMAX 将能为用户提供真正的无线宽带网络服务，甚至是移动通信服务。可以想象，实现 WiMAX 之后，用户将在很大程度上摆脱无线局域网 "热点" 的约束，从而实现更自由的移动网络服务。WiMAX 网络架构的目标是基于 IEEE-802.16 和 IETF 协议，构建基于全 IP 的 WiMAX 端到端的网络架构，包含参考模型、参考点及模块化的功能分解，满足可运营的固定 / 游牧 / 便携 / 简单移动 / 全移动模式下多种宽带应用场景的要求、满足不同等级 QoS 的各种现有业务的需求及与现有的有线或无线网络互连互通。

（4）主要优势。如果说 2G、3G 通信对于人类信息化的发展是微不足道的话，那么 4G 通信则给了人们真正的沟通自由，并彻底改变人们的生活方式甚至社会形态。它主要具有以下特点：

①通信速度更快。

②网络频谱更宽。

③通信更加灵活。

④智能性能更高。

⑤兼容性能更平滑。

⑥提供各种增值服务。

⑦实现更高质量的多媒体通信。

⑧频率使用效率更高。

⑨通信费用更加便宜。

图 1-12　4G 全面屏手机小米 MIX2

第四代的移动信息系统，其相较于 3G 通信技术来说有一个更大的优势，是将 WLAN 技术和 3G 通信技术进行了很好的结合，使图像的传输速度更快，让传输图像的质量和图像看起来更加清晰。因此在智能通信设备中应用 4G 通信技术让用户的上网速度更加迅速，拥有更好的体验效果。如图 1-12 所示是 4G 全面屏手机小米 MIX2。

（5）存在缺陷。

①技术难。尽管 4G 网络能够为人们的生活与工作带来许多的便利，但在实际应用中要实现 4G 网络的下载速度无忧仍面临着一系列技术问题。例如，如何保证当工作人员置身于高楼、山区，以及有其他障碍物等地区时，移动办公的信号强度、网络传播速度不会受到影响。另外，在区域变动之间也存在技术问题。当你所使用的移动办公设备从一个基站的覆盖区域进入另一个基站的覆盖区域时，很容易与该区域的网络失去联系，造成网络中断，影响办公效率。

②设施更新慢。在第四代移动通信系统问世之前，全球的大部分无线基础设施都是基于第三代移动通信系统建立的。如果要大面积覆盖 4G 通信网络，实现技术转移的话，那么全球的许多无线基础设施都将面临大量的革新，而这种革新又势必会减缓 4G 通信网络全面进入市场、占领市场的速度。与此同时，还必须保证 3G 终端已升级到能进行更高速传输和支持 4G 网络各项数据业务的 4G 终端，也就是说 4G 终端要能在 4G 网络建成后及时提供服务，通信终端的生产不能滞后于网络建设。

③固有缺点。因为对于个人来说 4G 内部网络和一般 4G 网络在使用上基本是一模一样的，所以其缺点也与一般的 4G 网络相同，它们都需要一个专门的用以链接 4G 网络的外置无线网卡，因此也存在网线网卡携带不便、容易碰伤设备等缺陷，而且由于网线网卡在连接

计算机时需要使用一个 USB 接口，对于一般只有 3 个 USB 接口的笔记本电脑使用无线网卡就必须对其他外接设备进行取舍。

1.3 5G技术的演进

1.3.1 5G发展背景

5G 是面向 2020 年以后移动通信需求而发展的新一代移动通信系统。近年来，第五代移动通信系统 5G 已经成为通信行业和学术界探讨的热点。5G 的发展主要有两个方面的驱动力：一方面以长期演进技术为代表的第四代移动通信系统 4G 已全面商用，对下一代技术的讨论提上日程；另一方面，移动数据的需求呈爆炸式增长，现有移动通信系统难以满足未来需求，急需研发新一代 5G 系统。

移动互联网的蓬勃发展是 5G 移动通信的主要推动力。移动互联网将是未来各类新业务的基础业务平台。现有固定互联网的各种业务将越来越多地通过无线方式提供给用户。云计算和后台服务的广泛应用将对 5G 移动通信系统提出更高的传输质量和系统容量要求。5G 移动通信系统的主要发展目标是与其他无线移动通信技术紧密结合，为移动互联网的快速发展提供无处不在的基本业务服务。按照目前业界的初步估计，包括 5G 在内的未来无线移动网络业务能力的提升将在 3 个方面上同时进行：通过引入新的无线传输技术，使资源利用率在 4G 的基础上提高 10 倍以上；通过引入新的体系结构和更深层次的智能能力，使整个系统的吞吐量提高 25 倍；通过进一步挖掘新的频率资源将使未来无线移动通信的频率资源扩展约 4 倍。

1.3.2 5G关键技术

为提升其业务支撑能力，5G 在无线传输技术和网络技术方面将有新的突破。在无线传输技术方面，将引入能进一步挖掘频谱效率、提升潜力的技术，如先进的多址接入技术、多天线技术、编码调制技术、新的波形设计技术等；在无线网络方面，将采用更灵活、更智能的网络架构和组网技术，如采用控制与转发分离的软件定义无线网络的架构、统一的自组织网络、异构超密集部署等。

5G 移动通信标志性的关键技术主要体现在超高效能的无线传输技术和高密度无线网络技术。其中基于大规模 MIMO 的无线传输技术将有可能使频谱效率和功率效率在 4G 的基础上再提升一个量级，该项技术走向实用化的主要瓶颈问题是高维度信道建模与估计及复杂度控制。全双工技术将可能开辟新一代移动通信频谱利用的新格局。超密集网络已引起业界的广泛关注，网络协同与干扰管理将是提升高密度无线网络容量的关键问题。

体系结构变革将是新一代无线移动通信系统发展的主要方向。现有的扁平化 SAE/LTE 体系结构促进了移动通信系统与互联网的高度融合，高密度、智能化、可编程则代表了未来移动通信演进的进一步发展趋势，而内容分发网络向核心网络的边缘部署，可有效减少网络访问路由的负荷，并显著改善移动互联网用户的业务体验。

（1）超密集组网：网络将进一步缩小现有的小区结构，通过小区间的相互协作，将干扰信号转化为有用信号，解决小区小型化分布带来的干扰问题，使整个网络的系统容量最大化。

（2）智能化：网络将在已有 SON 技术的基础上，具备更为广泛的感知能力和更为强大的自优化能力，通过感知网络环境及用户业务需求，在异构环境下为用户提供最好的服务体验。

（3）可编程：网络将具备软件可定义能力，数据平面与控制平面将进一步分离，集中控制、分布控制或两者的相互结合，将是网络演进发展中需要解决的技术路线问题；基站与路由交换等基础设施具备可编程与灵活扩展能力，以统一融合的平台适应各种复杂的及不同规模的应用场景。

（4）内容分发边缘化部署：移动终端访问的内容虽然呈海量化趋势，但大部分集中在一些热点内容和大型门户网站，在未来的 5G 网络中采用 CDN 技术将是提高网络资源利用率的重要潜在手段。

1.3.3 我国5G移动通信研发进程

在过去的十几年中，中国先后启动了 863 项 3G、4G 移动通信重大研究项目，推动实施了国家中长期发展规划"新一代宽带无线移动通信网"，极大地促进了中国移动通信技术的进步，实现了我国移动通信技术研发和产业化的跨越式发展，在分布式无线网络基础理论方面取得了一系列具有重要国际影响的研究成果。我国倡导的 TD-SCDMA 和 TD-LTE 技术已入选国际标准，华为、中兴等企业的全球移动通信市场份额居世界前列，移动通信产业已成为我国具有国际竞争力的大型高科技产业之一。

2013 年 6 月，国家"863 计划"启动 5G 移动通信系统先进性研究一期重大项目。总体目标是研究 5G 网络体系结构、无线组网、无线传输、新天线和射频、新频谱开发利用等关键技术，完成性能评估和原型系统设计，进行无线传输技术测试，支持 10Gbit/s 的总业务速率，与 4G 相比，空中接口的频谱效率和功率效率提高 10 倍。

2015 年 5 月 28 日，IMT-2020（5G）推广小组先后发布了 5 份白皮书，概述了 5G 的愿景和需求、概念、网络技术架构，体现了中国政府在 5G 网络技术研究中加快技术、标准、研发和业务应用协同发展的决心。

2016 年 1 月 7 日，中国 5G 技术试验全面启动，分为 5G 关键技术试验、5G 技术方案验证和 5G 系统验证三个阶段实施。这是我国第一次与国际标准组织同步启动对新一代移动通信技术测试和验证。在 2016 年 9 月举办的中国国际信息通信展期间，第一阶段无线测试规范的制定工作宣告完成。两个月后，IMT-2020（5G）推进组发布了《5G 技术研发试验第二阶段技术规范》，使我国 5G 第二阶段测试"有本可依"，5G 技术研发测试又进了一步。

2016 年 11 月 18 日，在美国内华达州里诺结束的 3GPP RAN1#87 次会议上，经过与会公司代表多轮技术讨论，国际移动通信标准化组织 3GPP 最终确定了 5G eMBB（增强移动宽带）场景的信道编码技术方案，其中，Polar 码作为控制信道的编码方案；LDPC 码作为数据信道的编码方案。此次中国主导推动的 Polar 码被 3GPP 采纳为 5G eMBB 控制信道标准方案，是我国在 5G 移动通信技术研究和标准化上的重要进展。

2017 年 11 月 15 日，中国工信部发布《关于第五代移动通信系统使用 3300~3600MHz 和 4800~5000MHz 频段相关事宜的通知》，确定 5G 中频频谱，能够兼顾系统覆盖和大容量的基本需求。

　　2017 年 11 月下旬中国工信部发布通知，正式启动 5G 技术研发试验第三阶段工作，并力争于 2018 年年底前实现第三阶段试验基本目标。

　　2017 年 12 月，发改委发布《关于组织实施 2018 年新一代信息基础设施建设工程的通知》，要求 2018 年将在不少于 5 个城市开展 5G 规模组网试点，每个城市 5G 基站数量不少于 50 个、全网 5G 终端不少于 500 个。

　　2018 年 2 月 23 日，在世界移动通信大会召开前夕，沃达丰和华为宣布，两公司在西班牙合作采用非独立的 3GPP 5G 新无线标准和 Sub6 GHz 频段完成了全球首个 5G 通话测试。

　　2018 年 2 月 27 日，华为在 MWC2018 大展上发布了首款 3GPP 标准 5G 商用芯片巴龙 5G01 和 5G 商用终端，支持全球主流 5G 频段，包括 Sub6GHz（低频）、mmWave（高频），理论上可实现最高 2.3Gbit/s 的数据下载速率。

　　2018 年 6 月 28 日，中国联通公布了 5G 部署：将以 SA 为目标架构，前期聚焦 eMBB，5G 网络计划于 2020 年正式商用。

　　2018 年 11 月 21 日，重庆首个 5G 连续覆盖试验区，建设完成，5G 远程驾驶、5G 无人机、虚拟现实等多项 5G 应用同时亮相。

　　2018 年 12 月 7 日，工信部同意联通集团自通知日至 2020 年 6 月 30 日使用 3500~3600MHz 频率，用于在全国开展第五代移动通信（5G）系统试验。

　　2018 年 12 月 10 日，工信部正式对外公布，已向中国电信、中国移动、中国联通发放了 5G 系统中低频段试验频率使用许可。这意味着各基础电信运营企业开展 5G 系统试验所必须使用的频率资源得到了保障，向产业界发出了明确信号，进一步推动我国 5G 产业链的成熟与发展。

　　2019 年 6 月 6 日，工信部正式向中国电信、中国移动、中国联通、中国广电发放 5G 商用牌照，中国正式进入 5G 商用元年。

　　2019 年 10 月，5G 基站入网正式获得了工信部的开闸批准。工信部颁发了国内首个 5G 无线电通信设备进网许可证，标志着 5G 基站设备正式接入公用电信商用网络。

　　2019 年 10 月 23 日，华为首款 5G 折叠屏手机华为 Mate X（见图 1-13），于 11 月 15 日开始限量销售。

　　2019 年 10 月 31 日，中国移动、中国电信、中国联通三大运营商公布 5G 商用套餐，并于 11 月 1 日正式上线 5G 商用套餐。

图 1-13　华为 5G 手机 Mate X

第 2 章　通信原理概述

2.1　通信系统模型

2.1.1　通信基本概念

1. 通信相关概念

按照传统的理解，通信是指双方或多方之间进行信息的传递和交换，信息可以是声音、文字、音乐、图像等。任何通信系统都可以将信息从一个称为信息源的地点传送到另一个称为信宿点的目的地。通信从本质上讲就是实现信息传递的一门科学技术。

在各种通信方式中，通过电磁波或光波传递消息的通信方法是现代人们常用的通信方式，由于这种通信技术能够快速、准确、可靠且几乎不受时间和空间距离的限制，使得其得到了飞速发展和广泛应用。

基于各种通信技术的现代通信网络，如电话网、电视网和计算机网络，可为家庭、办公室、医院、学校等提供文化、娱乐、教育、卫生、金融等广泛的信息服务。由此可见，通信网络已经成为现代社会最重要的基础设施之一。下面介绍相关概念。

（1）信息：信息是抽象的消息，可以将它理解为消息中包含的有意义的内容。1948 年，数学家香农在《通信的数学理论》一文中指出："信息是用来消除随机不定性的东西。"

（2）消息：消息是信息的表现形式，消息具有不同的形式，例如，语音、文字、数据、图片、影像等。也就是说，一条信息可以由多种形式的消息来表示，不同形式的消息可以包含相同的信息。例如，通过观看电视上天气预报节目和使用手机 APP 获得的天气预报，所含信息内容相同。

（3）信号：信号是消息的载体，消息通过信号来传送。信号通常是某种形式的电磁能，利用某种可以被感知的物理参量（电信号、无线电、光）来携带信息。

2. 消息、信息与信号

（1）消息、信息与信息量。一般来说，将语言、文字、图像或数据称为消息，而消息提供给接收者的新知识被称为信息。因此，消息与信息并不完全相同，有些消息包含较多信息，有些消息根本不包含任何信息，为了更合理地评价一个通信系统传递信息的能力，必须对信息进行量化，即用"信息量"这一概念表示信息的多少。

怎样衡量一个消息中包括多少信息量呢？从接收者角度来考虑，在人们得到消息之前，对它的内容有一种"不确定性"或"猜测"。当接收者得到消息时，如果事先猜测消息中描述的事件发生了，就会感觉信息量不多，也就是说已经猜到了；如果事先的猜测没有发生，而发生了其他事，消息的接收者就会感觉信息量很多，而且事件越意外，信息量就越大。

事件的不确定性可以用其发生的概率来描述。因此，消息中信息量 I 的大小与消息发生的概率 P 密切相关，如果消息所表示的事件是不可避免的事件，即事件发生的概率为 100%，则消息中所包含的信息量为 0；如果消息表示的事件是不可能事件，即该事件发生的概率为 0，则消息的信息量为无穷大。

为了对信息进行度量，科学家哈特莱（R. V. Hartley）提出采用消息出现概率倒数的对数作为信息量的度量单位。

定义：若一个消息出现的概率为 P，则这一消息所含信息量 I 为：

$$I = \log_a \frac{1}{P}$$

当 a=2，信息量单位为比特（bit）；

当 a=e，信息量单位为奈特（nat）；

当 a=10，信息量单位为哈特莱（Hartley）；

目前应用最广泛的是比特，即 a=2。以下举例说明信息量的含义：

不可能事件 $P = 0$，$I = \infty$；

小概率事件 $P = 0.125$，I=3；

大概率事件 $P = 0.5$，I=1；

必然事件 $P = 1$，I=0；

可见，信息量 I 是事件发生概率 P 的单调递减函数。

图 2-1 讨论对于等概率出现的离散消息的度量。

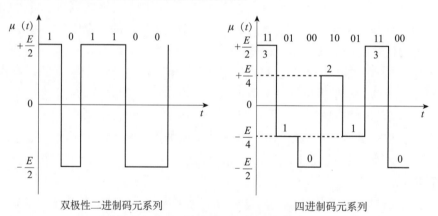

双极性二进制码元系列　　　　四进制码元系列

图 2-1　二进制和四进制码元系列

对于双极性二进制码元系列，它是只有两个计数符号（0 和 1）的进制码系列，如果 0、1 出现的概率相等，那么任何一个 0 或 1 码元的信息量为：

$$I = \log_2 \frac{1}{P(0)} = \log_2 \frac{1}{P(1)} = \log_2 2 = 1 (\text{bit})$$

对于四进制码元系列，它共有四种不同状态，即 0、1、2、3，每种状态必须用两位二进制码元表示，即 00、01、10、11。如果每一种码元出现的概率相等，那么任何一种 0、1、2、3 码元的信息量为：

$$I = \log_2 \frac{1}{P(0)} = \log_2 \frac{1}{P(1)} = \log_2 \frac{1}{P(2)} = \log_2 \frac{1}{P(3)} = \log_2 4 = 2\,(\text{bit})$$

由以上分析可知：多进制码元包含的信息量大，所以采用多进制信息编码时，信息传输效率高。当采用二进制时，噪声电压大于 $\frac{E}{2}$，才会引起误码；而当采用四进制时，只要噪声电压大于 $\frac{E}{4}$，就会引起误码，因此，进制数越大，抗干扰能力也就越差。

（2）信号的时域分析。

时域：信号的表示形式是时间的函数。

$$\mu(t) = U_{\text{m}} \cos(\omega t + \varphi)$$

其中，三个重要参数是：振度、频率和相位。

U_{m}——正弦波的幅度，表示正弦波的最大值；

ω——正弦波的角频率；

f——正弦波的频率，表示正弦在单位时间内重复变化的次数，单位：Hz；

φ——正弦波的初相位，$t=0$ 时 $\mu(0)=U_{\text{m}}\cos\varphi$，即 φ 值决定 $\mu(0)$ 的大小。

时域信号的波形如图 2-2 所示。

（3）信号的频域分析。在通信领域中，信号的频域观点比时域观点更为重要。如果不考虑相位，则正弦波的时域表达式为：

$$\mu(t)=U_{\text{m}}\cos(\omega t)=U_{\text{m}}\cos(2\pi ft)$$

根据傅里叶变换，其频域表达式为：

$$\mu(\omega)=U_{\text{m}}\pi[\delta(\omega+\omega_0)+\delta(\omega-\omega_0)]$$

频域波形如图 2-3 所示。

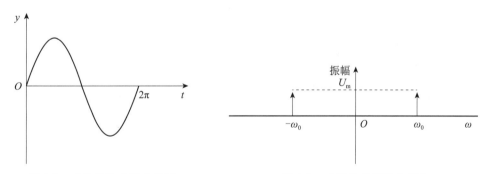

图 2-2　正弦信号时域波形图　　　　图 2-3　正弦信号频域波形图

以一个例子说明信号的时域分析与频域分析之间的变换关系。一个时域信号由两个正弦波信号叠加构成：一个幅度为 3V，频率为 1Hz；另一个幅度为 1V，频率为 3Hz。信号的时域波形如图 2-4 所示。信号的频域波形图如图 2-5 所示。

其中，两条谱线的长度分别代表两个正弦波的幅度，谱线在频率轴的位置分别代表两个正弦波的频率。

通过傅里叶变换，任何信号都可以被表示为各种频率的正弦波的组合。信号在时域缩减，叫作频域展宽；信号在时域展宽，叫作频域缩减。也就是说，信号的时间周期越长，则频率越低；反之，信号的时间周期越短，则频率越高。

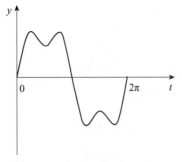

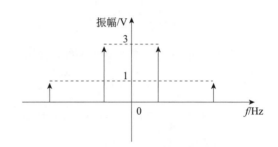

图 2-4 叠加信号时域波形图   图 2-5 叠加信号频域波形图

2.1.2 通信系统模型

1. 通信系统的概念

通信系统是指完成信息传输过程的全部设备和传输媒介，是以实现通信为目标的硬件、软件及人的集合。

图 2-6 所示的是一个基本的点到点通信系统的一般模型。

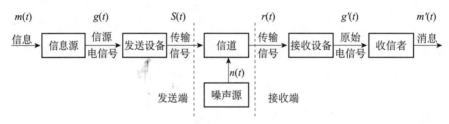

图 2-6 通信系统的一般模型

其中，各部分的功能如下：

（1）信息源：是消息的产生来源，把各种可能消息转换成原始电信号（将非电物理量转换为电信号）。

信源可分为模拟信源和离散信源。模拟信源（如电话）输出幅度连续的信号；离散信源（如计算机）输出离散的数字信号。

（2）发送设备：为了使原始电信号适合在信道中传输，将原始电信号变换成与传输信道相匹配的传输信号。它要完成调制、放大、滤波、发射等。在数字通信系统中还要包括编码和加密。

①基带信号：信源发出的信号。

②基带传输：在信道中直接传输的信号（如直流电报、实线电话和有线广播等）。

③频带传输：通过调制将基带信号变换为更适合在信道中传输的形式（FM、AM、MODEM）。

④调制的目的：提高频率、便于辐射；便于信道复用；提高系统的抗干扰能力。

（3）信道：信号传输的通道，信道的传输性能直接影响到通信质量。

（4）接收设备：完成发送设备的反变换，即进行解调、译码、解密等，从接收信号中恢复出原始电信号。

（5）收信者：将复原的原始电信号转换成相应的消息。

要传送的信息（消息）是 $m(t)$，其表达形式可以是语言、文字、图像、数据等，经输入设备处理，将其变换成输入数据 $g(t)$，并传输到发送设备（发送机）。

通常 $g(t)$ 并不是适合传输的形式（波形和带宽），在发送机中，它被变换成与传输媒质特性相匹配的传输信号，$S(t)$ 经传输媒质一方面为信号传输提供通路，另一方面衰减信号并引入噪声 $n(t)$，$r(t)$ 是受到噪声干扰的 $S(t)$，是接收机恢复输入信号的依据，$r(t)$ 的质量决定了通信系统的性能，$r(t)$ 经接收设备转换成适合于输出的形式 $g'(t)$，它是输入数据 $g(t)$ 的近似或估值。

最后，输出设备将由 $g'(t)$ 传出的信息 $m'(t)$ 提交给终点的经办者，完成一次通信。

事实上，噪声只对输出造成影响，可以将整个系统产生的噪声等同成一个噪声源。根据所要研究的对象和所关心的问题的重点的不同，又可以使用形式不同的具体模型。

2. 模拟通信系统与数字通信系统

通信系统中的消息可以分为：

①连续消息（模拟消息）——消息状态连续变化，如语音、图像。

②离散消息（数字消息）——消息状态可数或离散，如符号、文字、数据。

信号是消息的表现形式，消息被承载在电信号的某一参量上。因此信号同样可以分为：

①模拟信号——电信号的该参量连续取值，如普通电话机收发的语音信号。

②数字信号——电信号的该参量离散取值，如计算机内 PCI/ISA 总线的信号。

模拟信号和数字信号可以互相转换。因此，任何一个消息既可以用模拟信号表示，也可以用数字信号表示。

相应地，通信系统也可以分为模拟通信系统与数字通信系统两大类。

（1）模拟通信系统：模拟通信系统在信道中传输的是模拟信号，其模型如图 2-7 所示。

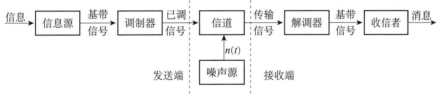

图 2-7 模拟通信系统模型

其中，基带信号——由消息转化而来的原始模拟信号，一般含有直流和低频成分，不宜直接传输。

已调信号——由基带信号转化来的、频域特性适合信道传输的信号，又称频带信号。

对模拟通信系统进行研究的主要内容就是研究不同信道条件下不同的调制解调方法。

模拟通信系统在信道中传输的是模拟信号，其占有频带一般都比较窄，因此其频带利用率较高。其缺点是抗干扰能力差，不易保密，设备不易大规模集成，不能适应飞速发展的计算机通信的要求。

（2）数字通信系统：数字通信系统在信道中传输的是数字信号，其特点是在调制之前先要进行两次编码，即信源编码和信道编码，相应地接收端在解调之后要进行信道译码和信源译码。其模型如图 2-8 所示。

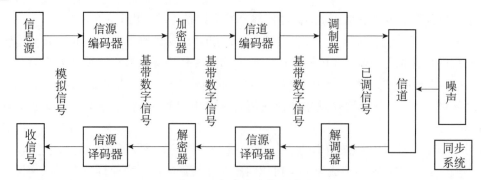

图 2-8　数字通信系统模型

其中，信源编/译码器——实现模拟信号与数字信号之间的转换；

加/解密器——实现数字信号的保密传输；

信道编/译码器——实现差错控制功能，用以对抗由于信道条件造成的误码；

调制/解调器——实现数字信号的传输与复用。

以上各个部分的功能可根据具体的通信需要进行设置，对数字通信系统进行研究的主要内容就是研究这些功能的具体实现方法。

信源编码的主要任务是提高数字信号传输的有效性，具体地说，就是用适当的方法降低数字信号的码元速率以压缩频带。另外，如果信息源是数据处理设备，还要进行并/串变换以便进行数据传输。如果待传的信息是模拟信号，则先要进行模数（A/D）转换，信源编码的输出就是信息码。此外，数据扰乱、数据加密、语音和图像压缩编码等都是在信源编码器内完成的。接收端信源译码则是信源编码的逆过程。

信道编码的任务是提高数字信号传输的可靠性。其基本做法是在信息码组中按一定的规则附加一些码，以便接收端根据相应的规则进行检错和纠错，信道编码也称纠错编码。接收端信道译码是其相反的过程。

同步在数字通信中是不可缺少的部分。同步就是建立系统收、发两端相对一致的时间关系，只有这样，接收端才能确定每一位码元的起止时刻，并确定接收码组与发送码组的正确对应关系。否则，接收端无法恢复发送的信息信号。

在数字通信系统中，调制信号是数字基带信号，调制后的信号被称为数字制信号。有时也可不经过调制而直接传输数字基带信号，这种传输方式称作数字信号的基带传输。

数字通信系统具有以下显著的特点：

①数字电路易于集成化，因此数字通信设备功耗低、易于小型化。

②既无噪声积累，抗干扰能力又强。

③信号易于进行加密处理，保密性强。

④可以通过信道编码和信源编码进行差错控制，改善传输质量。

⑤支持各种消息的传递。

⑥数字信号占用信道频带较宽，因此频带利用率较低。

数字通信系统的最大缺点就是占用频带较宽。然而，随着卫星通信、光纤通信等宽频带通信系统的日益发展和成熟，数字通信应用越来越广泛，已成为现代通信的主要传输方式，

2.1.3 衡量通信系统的性能指标

1. 衡量通信系统的一般性能指标

衡量通信系统的一般性能指标有有效性和可靠性，其次还应考虑通信系统的安全性、保密性、经济性及维护使用等指标。

（1）有效性：是指信息传输的效率问题，即在给定的信道内"多""快"地传送信息。

（2）可靠性：是指要求系统可靠地传输消息，即指在给定的信道内接收到的信息要"准"，要"好"。

上述这些指标对系统的要求常常相互矛盾，互相制约。

2. 衡量模拟通信系统的性能指标

（1）有效性：用所传信号的有效传输带宽来表征。信道复用的程度越高，信号传输的有效性就越好。信号的有效传输带宽与系统采用的调制方法有关。同样的信号用不同的方法调制得到的有效传输带宽是不一样的。

（2）可靠性：用整个通信系统的输出信噪比来衡量。信噪比是信号的平均功率 S 与噪声的平均功率 N 之比。信噪比越高，说明噪声对信号的影响越小。显然，信噪比越高，通信质量就越好，如电话通常要求信噪比为 20~40dB，电视则要求 40dB 以上。输出信噪比一方面与信道内噪声的大小和信号的功率有关，同时又和调制方式有很大关系。

3. 衡量数字通信系统的性能指标

（1）有效性：用传输速率来表征。传输速率有两种，一种是码元传输速率，另一种是信息传输速率。

①传码率：码元传输速率又称码元速率，简称传码率，它是指系统每秒钟传送码元的数目，单位是波特，常用符号"B"表示。

②传信率：信息传输速率又称为信息速率，简称传信率，它是指每秒钟所传送的二进制码元数，单位是比特/秒，常用符号"bit/s"表示。

③传码率和传信率的关系。它们都是用来衡量数字通信系统有效性的指标，但是二者既有联系又有区别。在二进制的情况下，传码率与传信率在数值上相等，只是单位不同；但是对于多进制时情况是不一样的，传码率 R_B 和传信率 R_b 可以互相换算。设 N 进制的码元速率为 R_{BN}，则

$$R_B = R_{BN} \log_2 N \qquad 比特/秒$$

$$R_{BN} = \frac{R_b}{\log_2 N} \qquad 波特$$

例如，已知某信号的传信率为 4800bit/s，采用四进制传输时，其传码率为

$$R_{BN} = \frac{4800}{\log_2 4} = 2400 \qquad 波特$$

（2）可靠性：用差错率来衡量。差错率越小，可靠性越高，差错率也有两种表示方法，一为误码率，另一个为误信率。

①误码率：是指接收到的错误码元数和总的传输码元个数之比，记为

$$P_c = \frac{接收到的错误码元数}{总的传输码元个数}$$

②误信率：也叫误比特率，是指接收到的错误比特数与总的传输比特数之比，记为

$$P_b = \frac{接收到的错误比特数}{总的传输比特数}$$

2.2 信道

2.2.1 信道的定义和分类

信号传输必须经过信道。信道是任何通信系统必不可少的组成部分，信道特性将直接影响通信质量。

研究信道和噪声的目的是提高传输的效率和可靠性。

信道可以分为狭义信道和广义信道。

（1）狭义信道：仅指信号的传输介质。例如，同轴电缆、双绞线、光纤、电磁波等。

（2）广义信道：除传输介质外，还包括天线和馈线、发送设备、接收设备、调制器和解调器等相关元器件和电路。

在模拟通信系统中，主要研究调制和解调的基本原理，其传输信道可以用调制信道来定义。调制信道的范围是从调制器的输出端到解调器的输入端。

在数字通信系统中，用编码信道来定义。编码信道的范围是从编码器的输出端至译码器的输入端。调制信道和编码信道的划分如图 2-9 所示。

传输媒质是决定信道质量好坏的重要指标。通信质量的好坏，很大程度上受传输媒质的特性影响。

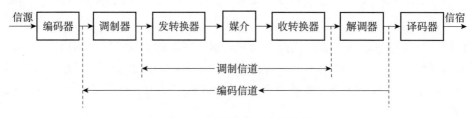

图 2-9　调制信道和编码信道

2.2.2 信道模型

1. 调制信道模型

调制信道具有以下特性：

（1）它们具有一对（或多对）输入端和一对（或多对）输出端。

（2）绝大多数的信道是线性的，即满足叠加原理。

（3）信道具有衰减（或增益）频率特性和相移（或延时）频率特性。

（4）即使没有信号输入，在信道的输出端仍有一定的功率输出（噪声）。

因此，可以把调制信道看成一个输出端叠加有噪声的时变线性网络，如图 2-10 所示。

图 2-10 调制信道

网络的输入与输出之间的关系可以表示为

$$e_o(t) = f[e_i(t)] + n(t)$$

式中，$e_i(t)$ 是输入的已调信号；

$e_o(t)$ 是信道的输出；

$n(t)$ 为加性噪声（或称加性干扰），它与 $e_i(t)$ 不发生依赖关系。

$f[e_i(t)]$ 由网络的特性确定，它表示信号通过网络时，输出信号与输入信号之间建立的某种函数关系。作为数学上的一种简洁，令 $f[e_i(t)] = k(t) \times e_i(t)$。其中，$k(t)$ 依赖于网络特性，它对 $e_i(t)$ 来说是一种乘性干扰。因此上式可以写成

$$e_o(t) = f[e_i(t)] + n(t) = k(t)e_i(t) + n(t)$$

讨论：①调制信道对信号的干扰有两种：乘性干扰 $k(t)$ 和加性干扰 $n(t)$。

②分析乘性干扰 $k(t)$ 的影响时，可把调制信道分为恒参信道和变参信道。

对于恒参信道来说，信道的参数不随时间变化，即 $k(t)$ 不随时间变化。例如，架空明线、同轴电缆及中长波、地面波传播均属于恒参信道。

对于变参信道来说，信道的参数随时间变化，即 $k(t)$ 随时间变化。例如，短波电离层反射、超短波流星余迹散射、多径效应和选择性衰落均属于变参信道。

2. 编码信道模型

编码信道常常用数字信号的转换概率来描述。在常见的二进制数字传输系统中，编码信道的模型如图 2-11 所示。其中 $P(0/0)$ 和 $P(1/1)$ 为正确转移概率，$P(0/1)$ 和 $P(1/0)$ 为错误转移概率，并有

$$P(0/1) = 1 - P(1/1)$$
$$P(1/0) = 1 - P(0/0)$$

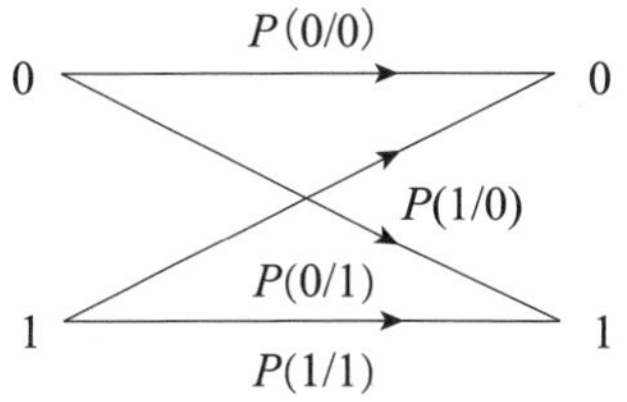

图 2-11 编码信道的模型

转移概率完全由编码信道的特性所决定，一个特定的编码信道就有其相应确定的转移概率关系。

2.2.3　信道的加性噪声

噪声，从广义上讲是指通信系统中有用信号以外的有害干扰信号，习惯上常把周期性的、规律的有害信号称作干扰，而把其他有害的信号称作噪声。

本节主要分析信道的加性噪声，即加性干扰 $n(t)$。

信道中加性噪声主要来源于三个方面：①人为噪声；②自然噪声；③内部噪声。

内部噪声来源于通信系统的内部。例如，电阻一类的导体中自由电子的热运动（常称为热噪声）、真空电子管中电子的起伏发射和半导体中载流子的起伏变化（常称散弹噪声）及电源噪声。在通信系统的性能分析中，主要考虑的也是这一类噪声。

散弹噪声又称散粒噪声是由真空和半导体器件中电子发射的不均匀性引起的。

热噪声是由电子在类似于电阻一类的导体中随机热骚动引起的。

1. 白噪声

白噪声是指它的功率谱密度在全频域（$-\infty$，∞）是常数，即：

$$S_n(\omega) = \frac{n_0}{2}$$

因为这种噪声类似于光学中的白光，在全部可见光频谱范围内基本上是连续的和均匀的，由此引申而来。

白噪声的功率谱密度如图 2-12 所示。

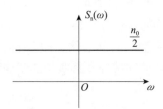

图 2-12　白噪声的功率谱密度

热噪声和散弹噪声在相当宽的范围内具有平坦的功率谱，而且服从高斯分布，所以它们可近似地表示为高斯白噪声。

2. 窄带高斯噪声

在实际的通信系统中，许多电路都可以等效为一个窄带网络。窄带网络的带宽 W 远远小于其中心频率 ω_0。当高斯白噪声通过窄带网络时，其输出噪声只能集中在中心频率 ω_0 附近的带宽 W 之内，这种噪声被称为窄带高斯噪声，如图 2-13 所示。

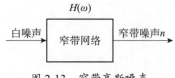

图 2-13　窄带高斯噪声

2.2.4　信道容量

信息是通过信道传输的，信道的传输能力由香农公式给出：

$$C=B\log_2(1+S/N) \quad 比特/秒$$

式中，C——信道容量，是指信道可能传输的最大信息速率，它是信道能够达到的最大传输能力；

B——信道带宽；

S——信号的平均功率；

N——白噪声的平均功率；

S/N——信噪比。

香农公式主要讨论了信道容量、带宽和信噪比之间的关系，是信息传输中非常重要的公式。

由香农公式可得到如下结论：

（1）当给定 B、S/N 时，信道的极限传输能力（信道容量）C 即确定。

B 一定时，S/N 增大，使 C 增大。

（2）当信道容量 C 一定时，带宽 B 和信噪比 S/N 之间可以互换。换句话说，要使信道保持一定的容量，可以通过调整带宽 B 和信噪比 S/N 的关系来达到，即 C 一定，B 增大，使 S/N 增大。

（3）增加信道带宽 B 并不能无限制地增大信道容量。当信道噪声为高斯白噪声时，随着带宽 B 的增大，噪声功率 $N=n_0 B$（n_0 单边噪声功率谱密度）也增大，在极限情况下

$$\lim_{B\to\infty} C = \lim_{B\to\infty} B\log_2\left(1+S/N\right) = \lim_{B\to\infty} B\log_2\left(1+\frac{S}{n_0 B}\right)$$

$$\approx \frac{S}{n_0} \lim_{B\to\infty} \frac{n_0 B}{S} \log_2\left(1+\frac{S}{n_0 B}\right)$$

$$= \frac{S}{n_0}\log_2 e \approx 1.44\frac{S}{n_0}$$

可见，即使信道带宽无限大，信道容量仍然是有限的。

（4）当信道容量 C 是信道传输的极限速率时，由于 $C=\dfrac{I}{T}$，I 为信息量，T 为传输时间。

$$C = \frac{I}{T} = B\log_2\left(1+S/N\right)$$
$$I = BT\log_2\left(1+S/N\right)$$

可见，在给定 C 和 S/N 的情况下，带宽与时间也可以互换。

例题：有一信息量为 1MB 的消息，需在某信道传输，设信道带宽为 4kHz，接收端要求信噪比为 30dB，问传送这一消息需用多少时间？

解：$I = BT\log_2\left(1+S/N\right)$

$\because S/N = 30\text{dB} \Rightarrow 1000$

$\therefore T = \dfrac{I}{B\log_2\left(1000+1\right)} = \dfrac{10^6}{4\times10^3\times3.32\log_{10}^{1000}} = 25$ 秒

2.2.5 信道编码

在数字通信中，数字信息交换和传输过程中出现差错的主要原因是信号在传输过程中由于信道特性不理想及加性噪声和人为干扰的影响，使接收端产生错误判断。

为了提高系统传输的可靠性，降低误码率，常用的方法有两种：

（1）降低数字信道本身引起的误码，可采用的方法有选择高质量的传输线路、改善信道的传输特性、增加信号的发送能量、选择有较强抗干扰能力的调制解调方案等。

（2）采用差错控制编码，即信道编码。它的基本思想是通过对信息序列做某种变换，使原来彼此独立、相关性极小的信息码元产生某种相关性，在接收端可以利用这种规律性来检查并纠正信息码元在信息传输中所造成的差错。

从差错控制角度看，按加性干扰引起的错码分布规律的不同，信道可以分为三类，即随机信道、突发信道和混合信道。对于不同的信道应采用不同的差错控制技术。

1. 差错控制系统

常用的差错控制方法有以下几种：

（1）检错重发方式（ARQ）。检错重发方式的发送端发出有一定检错能力的码，接收端译码器根据编码规则，判断这些码在传输中是否有错误产生，如果有错，就通过反馈信道告诉发送端，发送端将接收端认为错误的信息重新发送，直到接收端认为正确为止。

该方式的优点：只需要少量的多余码就能获得较低的误码率。由于检错码和纠错码的能力与信道的干扰情况基本无关，因此整个差错控制系统的适应性较强，特别适合于短波、有线等干扰情况非常复杂而又要求误码率较低的场合。

主要缺点：必须有反馈信道，不能进行同播。当信道干扰较大时，整个系统可能处于重发循环之中，因此信息传输的连贯性和实时性较差。

（2）前向纠错方式（FEC）。前向纠错方式是发送端发送有纠错能力的码，接收端的纠错译码器收到这些码之后，按预先规定的规则，自动地纠正传输中的错误。

该方式的优点：不需要反馈信道，能够进行一个用户对多个用户的广播式通信。译码的实时性好，控制电路简单，特别适用于移动通信。

缺点：译码设备比较复杂，所选用的纠错码必须与信道干扰情况相匹配，因而对信道变化的适应性差。为了获得较低的误码率，必须以最坏的信道条件来设计纠错码。

（3）混合差错控制方式（HEC）。混合差错控制方式是检错重发方式和前向纠错方式的结合。发送端发送的码不仅能够检测错误，而且还具有一定的纠错能力。接收端译码器收到信码后，如果检查出的错误是在码的纠错能力以内，则接收端自动进行纠错；如果错误很多，超过了码的纠错能力但尚能检测时，接收端则通过反馈信道告知发送端必须重发这组码的信息。

该方式不仅克服了前向纠错方式冗余度较大，需要复杂的译码电路的缺点，同时还增强了检错重发方式的连贯性，在卫星通信中得到了广泛的应用。

图 2-14 是上述三种差错控制方法的系统框图，图中有斜线的方框图表示在该端检出错误。

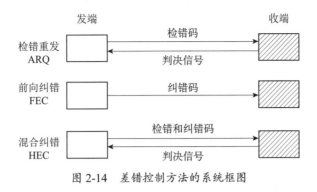

图 2-14 差错控制方法的系统框图

2. 差错控制编码的基本概念

（1）编码效率。设编码后的码组长度、码组中所含信息码元及监督码元的个数分别为 n、k 和 r，三者间满足 $n=k+r$，编码效率 $R=k/n=1-r/n$。R 越大，说明信息位所占的比重越大，码组传输信息的有效性越高。所以，R 说明了分组码传输信息的有效性。

（2）编码分类。

①根据已编码组中信息码元与监督码元之间的函数关系，可分为线性码和非线性码。若信息码元与监督码元之间的关系呈线性，即满足一组线性方程式，则称为线性码。

②根据信息码元与监督码元之间的约束方式不同，可分为分组码和卷积码。分组码的监督码元仅与本码组的信息码元有关，卷积码的监督码元不仅与本码组的信息码元有关，而且与前面码组的信息码元有约束关系。

③根据编码后信息码元是否保持原来的形式，可分为系统码和非系统码。在系统码中，编码后的信息码元保持原样，而非系统码中的信息码元则改变了原来的信号形式。

④根据编码的不同功能，可分为检错码和纠错码。

⑤根据纠、检错误类型的不同，可分为纠、检随机性错误的码和纠、检突发性错误的码。

⑥根据码元取值的不同，可分为二进制码和多进制码。

（3）编码增益。由于编码系统具有纠错能力，因此在达到同样误码率要求时，编码系统会使所要求的输入信噪比低于非编码系统，为此引入了编码增益的概念。其定义为，在给定误码率下，非编码系统与编码系统之间所需信噪比 S_0/N_0 之差（用 dB 表示）。采用不同的编码会得到不同的编码增益，但编码增益的提高要以增加系统带宽或复杂度来换取。

（4）码重和码距。对于二进制码组，码组中"1"码元的个数称为码组的重量，简称码重，用 W 表示。例如，码组 10001，它的码重 $W=2$。

两个等长码组之间对应位不同的个数称为这两个码组的汉明距离，简称码距 d。例如，码组 10001 和 01101，有三个位置的码元不同，所以码距 $d=3$。码组集合中各码组之间距离的最小值称为码组的最小距离，用 d_0 表示。最小码距 d_0 是信道编码的一个重要参数，它体现了该码组的纠、检错能力。d_0 越大，说明码字间最小差别越大，抗干扰能力越强。但 d_0 与所加的监督位数有关，所加的监督位数越多，d_0 就越大，这又引起了编码效率 R 的降低，所以编码效率 R 与码距 d_0 是一对矛盾体。

根据编码理论，一种编码的检错或纠错能力与码字间的最小距离有关。在一般情况下，对于分组码有以下结论：

为检测 e 个错误，最小码距应满足

$$d_0 \geqslant e+1$$

为纠正 t 个错误，最小码距应满足

$$d_0 \geqslant 2t+1$$

为纠正 t 错误，同时又能够检测 e 个错误，最小码距应满足

$$d_0 \geqslant e+t+1 \qquad (e > t)$$

2.3 信号处理技术

通信系统中的信号可以分为模拟信号与数字信号两大类。与模拟信号相比，由于数字信号在传输、交换、处理等过程中有极大的优越性，因此目前的通信系统普遍是以数字信号为主的数字通信系统。即使源信号是模拟信号，也要转换成数字信号再进行处理。信号的数字化处理技术研究数字信号的特性及其传输、交换、处理的原理，主要包括模拟/数字（A/D）变换、数字/模拟（D/A）变换、数字复用技术、数字复接技术、同步技术等概念。

2.3.1 模拟信号的数字化

通常所说的模拟信号数字化是指将模拟的语音信号数字化，将数字化的语音信号进行传输和交换的技术。这一过程涉及数字通信系统中的两个基本组成部分：一个是发送端的信源编码器，它将信源的模拟信号变换为数字信号，即完成模拟/数字（A/D）变换；另一个是接收端的译码器，它将数字信号恢复成模拟信号，即完成数字/模拟（D/A）变换，将模拟信号发送给信宿。

1. A/D 变换

模拟信号的数字处理主要包括采样、量化和编码三个步骤。采样是指用每隔一定时间的信号样值序列来代替原来在时间上连续的信号，也就是在时间上将模拟信号离散化。量化是用有限个幅度值近似原来连续变化的幅度值，把模拟信号的连续幅度变为有限数量的有一定间隔的离散值。编码则是按照一定的规律，把量化后的值用二进制数字表示，然后转换成二进制或多进制的数字信号流。数字处理后得到的数字信号可以通过光纤、微波干线、卫星信道等数字线路传输。上述数字化的过程被称为脉冲编码调制（Pulse Code Modulation，PCM）。

（1）采样。为了实现语音信号的数字化和时分多路复用，首先要对语音信号进行时间离散化，即采样。语音通信中的采样就是每隔一定的时间间隔 T，提取一个语音信号的瞬时幅度值（采样值），采样后所得出的一系列在时间上离散的采样值称为采样值序列。采样后的采样值序列在时间上是离散的，可进行时分多路复用处理，还可将各个采样值经过量化、编码后变换成二进制数字信号。抽样过程如图 2-15 所示。理论和实践证明，只要采样脉冲的间隔满足

$$\frac{1}{2f_{\mathrm{m}}} \leqslant T \text{ 或 } f_{\mathrm{s}} \geqslant 2f_{\mathrm{m}}$$

（f_{m} 是语音信号的最高频率，f_{s} 是抽样频率）

则采样后的采样值序列可以不失真地还原成原来的语音信号。

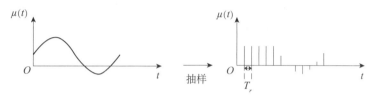

图 2-15　模拟信号的抽样过程

例如，一路电话信号的频带为 300 ～ 3400Hz，f_{m}=3400Hz，则采样频率 $f_{\mathrm{s}} \geqslant 2 \times 3400$ =6800Hz。如按 6800Hz 的采样频率对 300 ～ 3400Hz 的电话信号进行采样，采样后的采样值序列可以恢复到原始语音信号而不失真，语音信号的采样频率一般为 f_{s}=8000Hz。

（2）量化。采样将模拟信号及时地转换成离散的脉冲信号，但脉冲的幅度仍然是连续的，必须对其进行离散化才能最终用离散值表示。这就要对幅值进行舍零取整的处理，这个过程称为量化。量化有两种方式，如图 2-16 所示。在图 2-16（a）所示的量化方式中，取整时只舍不入，即 0 ～ 1V 的所有输入电压都输出 0V，1 ～ 2V 所有输入电压都输出 1V 等。采用这种量化方式，输入电压总大于输出电压，所以量化误差总是正的，最大量化误差等于两个相邻量化级的间隔 Δ。图 2-16（b）所示的量化方法是四舍五入的，即 0 ～ 0.5V 的输入电压都输出 0V，0.5 ～ 1.5V 的输出电压都输出 1V 等，这样量化误差有正有负，量化误差的最大绝对值为 $\Delta/2$。因此，采用四舍五入法进行量化，误差较小。

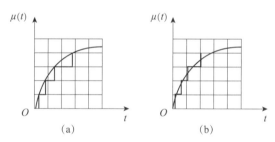

图 2-16　模拟信号的量化过程

实际信号可以看成量化输出信号与量化误差之和，如果仅用量化输出信号来代替原始信号，那么就会产生失真。一般说来，量化误差的幅度概率分布可以看成在 $-\Delta/2$ ～ $+\Delta/2$ 之间的均匀分布。可以证明，量化失真功率与最小量化间隔的平方成正比。最小量化间隔越小，失真就越小；而最小量化间隔越小，表示一定幅度的模拟信号时所需要的量化级数就越多，因此处理和传输就越复杂。所以，量化不仅要尽可能减少量化级数，而且要使量化失真尽可能小。通常，用二进制数表示某一量化级数，经过传输在接收端再按照这个二进制数来恢复原信号的幅值。所谓量化比特数是指要区分所有量化等级所需二进制数的位数。例如，有 8 个量化等级，那么可用三位二进制数来区分（2^3=8）。因此，称 8 个量化等级的量化为 3 比特量化。8 比特量化则是指共有 256（2^8）个量化等级的量化。

量化误差与噪声是有本质的区别的。因为可以从输入信号计算任何时刻的量化误差，而噪声与信号之间就没有这种关系。可以证明，量化误差是高阶非线性失真的产物。但量化失真在信号中的表现类似于噪声，具有很宽的频谱，所以也被称为量化噪声并用信噪比来衡量。

上述采用均匀间隔量化级进行量化的方法称为均匀量化或线性量化，这种量化方式会造成大信号信噪比有余而小信号信噪比不足的缺点。如果使小信号的量化级宽度小些，而大信号的量化级宽度大些，就可以使小信号时和大信号时的信噪比趋于一致。这种非均匀量化等级的安排称为非均匀量化或非线性量化。实际通信系统大多采用非均匀量化。

（3）编码。采样、量化后的信号还不是数字信号，需要把它转换成数字编码脉冲，这一过程称为编码。最简单的编码方式是二进制编码。具体说来，就是用 n 比特二进制码来表示已经量化了的抽样值，每个二进制数对应一个量化值，然后把它们排列，得到由二值脉冲组成的数字信息流。用这种方式组成的脉冲串的频率等于抽样频率与量化比特数的乘积，称为所传输数字信号的码速率。显然，抽样频率越高、量化比特数越大，码速率就越高，所需要的传输带宽也就越宽。除了上述的自然二进制编码，还有其他形式的二进制编码，如格雷码和折叠二进制码等。

2. D/A 变换

在接收端则与上述模拟信号数字化过程相反。首先经过解码过程，所收到的信息重新组成原来的样值，再经过低通滤波器恢复成原来的模拟信号。

2.3.2 数字复接技术

1. 数字复接的基本概念

在频分复用的载波系统中，高次群系统是由若干个低次群信号通过频谱搬移并叠加而成的。例如，60 路载波是由 5 个 12 路载波经过频谱搬移叠加而成的；1800 路载波是由 30 个 60 路载波经过频谱搬移叠加而成的。

在时分制数字通信系统中，为了扩大传输容量和提高传输效率，常常需要将若干个低速数字信号合并成一个高速数字信号流，以便在高速宽带信道中传输。数字复接技术就是解决 PCM、SDH 等系统中的传输信号由低次群到高次群的合成的技术。

扩大数字通信容量有两种方法。一种方法是采用 PCM30/32 系统（又称基群或一次群）复用的方法。例如，需要传送 120 路电话时，可将 120 路语音信号分别用 8kHz 抽样频率抽样，然后对每个抽样值编 8 位码，其码速率为 $8000 \times 8 \times 120 = 7680 \text{Kbit/s}$。由于每帧时间为 125 微秒，每路时隙的时间只有 1 微秒左右，这样每个抽样值进行 8 位编码的时间只有 1 微秒，其编码速度非常高，对编码电路及元器件的速度和精度要求也很高，实现起来非常困难。但这种对 120 路语音信号直接编码复用的方法从原理上讲是可行的。另一种方法是将几个（例如 4 个）经 PCM 复用后的数字信号（例如 4 个 PCM30/32 系统）再进行时分复用，形成容纳更多路信号的数字通信系统。显然，经过数字复用后的信号的码速率提高了，但是对每一个基群的编码速度没有提高，实现起来容易。目前广泛采用这种方法提高通信容量。由于数字复用是采用数字复接的方法来实现的，因此也称为数字复接技术。

2. 数字复接系统的组成

数字复接系统由数字复接器和数字分接器组成，如图 2-17 所示。数字复接器是把两个或两个以上的支路（低次群）信号，按时分复用方式合并成一个单一高次群的数字信号设备，它由定时、码速调整和复接单元等组成。数字分接器的功能是把已合路的高次群数字信号，分解成原先的低次群数字信号，它由帧同步、定时、数字分接和码速恢复等单元组成。

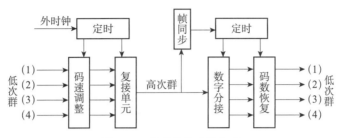

图 2-17　数字复接系统组成

定时单元给设备提供一个统一的基准时钟。码速调整单元是把速率不同的各支路信号，调整成与复接设备定时信号完全同步的数字信号，以便由复接单元把各个支路信号复接成一个数字流。另外在复接时还需要插入帧同步信号，以便接收端正确接收各支路信号。分接设备的定时单元由接收信号中提取时钟，并分送给各支路进行分接用。

3. 数字信号的复接方法

（1）按位复接、按字复接、按帧复接。按位复接又叫比特复接，即复接时每支路依次复接一个比特。图 2-18（a）所示是 4 个 PCM30/32 系统时隙的码字情况。图 2-18（b）是按位复接后的二次群中各支路数字码排列情况。按位复接方法简单易行，设备也简单，存储器容量小，目前被广泛采用，其缺点是对信号交换不利。图 2-18（c）是按字复接，对 PCM30/32 系统来说，一个码字有 8 位码，它将 8 位码先储存起来，在规定时间 4 个支路轮流复接，这种方法有利于数字电话交换，但要求有较大的存储容量。按帧复接是每次复接一个支路的一个帧（一帧含有 256 个比特），这种方法的优点是复接时不破坏原来的帧结构，有利于交换，但要求更大的存储容量。

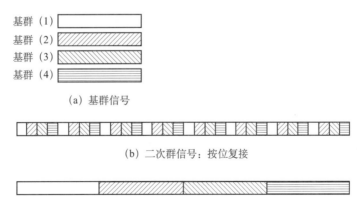

（a）基群信号

（b）二次群信号：按位复接

图 2-18　数字复接方法

（2）同步复接和准同步复接。同步复接是用一个高稳定的主时钟来控制被复接的几个低次群，使这几个低次群的码速统一在主时钟的频率上，这样就达到系统同步复接的目的。同步复接只需要进行相位调整就可以实施数字复接。确保各参与复接的支路数字信号与复接时钟严格同步，是实现同步复接的前提条件，这也是复接技术中的主要问题。同步复接的好处是明显的，例如，复接效率比较高，复接损伤比较小等。但只有在确保同步环境时才能进行同步复接。这种复接方法的缺点是主时钟一旦出现故障，相关的通信系统将全部中断。它只限于局部区域内使用。

准同步复接是指把标称速率相同，而实际速率略有差异，但都在规定的容差范围内的多路数字信号进行复接分接的技术。在准同步复接中，参与复接的各支路码流时钟的标称值相同，而码流时钟实际值是在一定的容差范围内变化的。严格地说，如果两个信号以同一标称速率给出，而实际速率的容差都限制在规定的范围内，则这两个信号被称为是准同步的。例如，具有相同的标称速率和相同稳定度的时钟，但不是由同一个时钟产生的两个信号通常就是准同步。准同步复接相对于同步复接增加了码速调整及码速恢复的环节，使各低次群达到同步之后再进行复接。

准同步复接分接允许时钟频率在规定的容差域内任意变动，而对于参与复接的支路时钟相位关系就没有任何限制。因此，准同步复接分接不要求苛刻的速率同步和相位同步，只要求时钟速率标称值及其容差符合规定，就可以实现复接分接。正因为如此，准同步复接分接有着广阔的应用空间。

4. 数字复接中的码速调整

（1）码速调整的基本概念。几个低次群数字信号复接成一个高次群数字信号时，如果各个低次群（例如 PCM30 /32 系统）的时钟是各自产生的，那么即使它们的标称码速率相同，都是 2048Kbit/s，但它们的瞬时码速率也可能是不同的。因为各个支路的晶体振荡器产生的时钟频率不可能完全相同（ITU-T 规定 PCM 30/32 系统的瞬时码速率在 2048Kbit/s ± 100bit/s），所以几个低次群复接后的数字码元就会产生重叠或错位，如图 2-19 所示。这样复接合成后的数字信号流，在接收端是无法分接并恢复成原来的低次群信号的。因此，码速率不同的低次群信号是不能直接复接的。在复接前要使各低次群的码速率同步，同时使复接后的码速率符合高次群帧结构的要求。由此可见，将几个低次群复接成高次群时，必须采取适当的措施，以调整各低次群系统的码速率使其同步。

图 2-19 码速率对数字复接的影响

不论同步复接或准同步复接，都需要进行码速调整。虽然同步复接时各低次群的码速率完全一致，但复接后的码序列中还要加入帧同步码、对端告警码等码元，这样码速率就要增加，因此仍然需要进行码速调整。

ITU-T 规定以 2048Kbit/s 为一次群的 PCM 二次群的码速率为 8448Kbit/s。如果只是简单地复接 4 路 PCM 基群的码流，PCM 二次群的码速率应该是 4×2048Kbit/s=8192Kbit/s。当考虑到 4 个 PCM 一次群在复接时插入了帧同步码、告警码、插入码和插入标志码等码元，这些码元的插入，使每个基群的码速率由 2048Kbit/s 调整到 2112Kbit/s，这样 4×2112Kbit/s =8448Kbit/s。

（2）正码速调整。码速调整后的速率高于调整前的速率，称为正码速调整。正码速调整的结构图如图 2-20 所示。每一个参与复接的码流都必须经过一个码速调整装置，将瞬时码速率不同的码流调整到相同的、较高的码速率，然后再进行复接。码速调整装置的主体是缓冲存储器，此外还包括一些必要的控制电路。

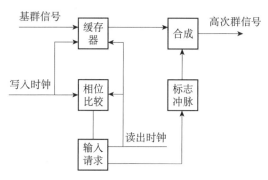

图 2-20　正码速调整的结构图

设计正码速调整方法主要需要考虑"取空"的问题。假定缓存器中的信息原来处于半满状态，随着时间的推移，由于读出时钟大于写入时钟，缓存器中的信息势必越来越少，如果不采取特别措施，最终将导致缓存器中的信息被取空，再读出的信息将是虚假的信息，这就是取空现象。为了防止缓存器的信息被取空，一旦缓存器中的信息比特数降到规定数量时，就发出控制信号，这时控制门关闭，读出时钟被扣除一个比特，同时插入一个特定的控制脉冲（是非信息码）。由于没有读出时钟，缓存器中的信息就不能读出去，而这时信息仍存入缓存器中，因此缓存器中的信息就增加一个比特。如此重复下去，就可将码流通过缓冲器传送出去，而输出码速率增加。插入脉冲在何时插入是根据缓存器的储存状态来决定的，可通过插入脉冲控制电路来完成。

在接收端，分接器先将高次群码流进行分接，分接后的各支路码元分别写入各自的缓存器。为了去掉发送端插入的脉冲，首先要通过标志信号检出电路检测出标志信号，然后通过写入脉冲扣除电路扣除标志信号。扣除了标志信号后的支路码元的顺序与原来码元的顺序一样，但在时间间隔上是不均匀的。因此，在接收端要恢复原支路码元，必须先从输入码流中提取时钟。已扣除插入脉冲的码流经鉴相器、低通滤波器之后获得一个频率等于时钟平均频率的读出时钟，再利用这一时钟从缓存器中读出码元。

2.4　无线电传输基础

2.4.1　无线电波的概念

无线电波是一种能量传输形式，在传播过程中，电场和磁场在空间中是相互垂直的，同时这两者又都垂直于传播方向，如图 2-21 所示。

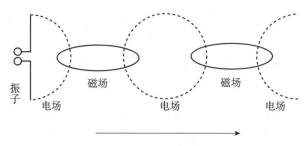

图 2-21 电磁波

无线电波和光波一样，它的传播速度和传播媒质有关。无线电波在空气中的传播速度略小于光速，通常认为它等于光速。

电磁波频率和波长的关系为：$v = \lambda f$。其中，v 为电磁波的传播速度，单位为 m/s。在自由空间（空气一般可近似于自由空间）中电磁波的传播速度等于光速 3×10^8 m/s，常用符号 c 表示。λ 为波长（m），f 为电磁波的频率（Hz）。

2.4.2 无线电波的频段

无线电波分布在 3Hz 到 3000GHz 之间，在这个频谱内划分为 12 个带，如表 2-1 所示。在不同的频段内，频率具有不同的传播特性。

频率越低，传播损耗越小，覆盖距离越远；而且频率越低，绕射能力越强。但是，低频段频率资源紧张，系统容量有限，因此主要应用于广播、电视、寻呼等系统。

高频段频率资源丰富，系统容量大，但是频率越高，传播损耗越大，覆盖距离越近；而且频率越高，绕射能力越弱。另外频率越高，技术难度越大，系统的成本也相应提高。

现代移动通信系统选择所用频段要综合考虑覆盖效果和容量。UHF 频段与其他频段相比，在覆盖效果和容量之间折中的比较好，因此被广泛应用于移动通信领域，目前常用的 GSM、CDMA、WCDMA 等都在该频段。当然，随着人们对移动通信的需求越来越多，需要的容量越来越大，移动通信系统必然要向高频段发展。

表 2-1 3Hz 到 3000GHz 频谱内的划分

波段		频率范围	波长范围
极长波（EFL，极低频）		3～30Hz	$10^4 \sim 10^5$km
特长波（SLF，特低频）		30～300Hz	1000～10^4km
超长波（ULF，超低频）		300～3000Hz	100～1000km
甚长波（VLF，甚低频）		3～30kHz	10～100km
长波（LF，低频）		30～300kHz	1～10km
中波（MF，中频）		300～3000kHz	100～1000m
短波（HF，高频）		3～30MHz	10～100m
超短波（VHF，甚高频）		30～300MHz	1～10m
微波	分米波（UHF，特高频）	300～3000MHz	10～100cm
	厘米波（SHF，超高频）	3～30GHz	1～10cm
	毫米波（EHF，极高频）	30～300GHz	1～10mm
	亚毫米波（超极高频）	300～3000GHz	1～0.1mm

2.4.3 无线电波的传输特性

无线电波的波长不同，传播特点也不完全相同。目前 GSM 和 CDMA 移动通信使用的频段都属于 UHF（特高频）超短波段。超过 1.4GHz 的可以认为属于 UHF 的微波频段，如 DCS1800 系统、WCDMA、PCS1900 系统等。

电磁波传播的主要方式有如下几种，如图 2-22 所示。

（1）直射波：它是指视距覆盖区内无遮挡的传播。电波传播过程中没有遇到任何的障碍物，直接到达接收端的电波，称为直射波。直射波更多出现于理想的电波传播环境中。直射波传播的信号最强。

（2）反射波：指从不同建筑物或其他物体反射后到达接收点的传播信号，其信号强度次之。电波在传播过程中遇到比自身的波长大得多的物体时，会在物体表面发生反射，形成反射波。反射常发生于地表、建筑物的墙壁表面等。

（3）绕射波：电波在传播路径上遇到障碍物时，总是力图绕过障碍物，再向前传播，这种现象叫作电波的绕射。从较大的山丘或建筑物绕射后到达接收点的传播信号，其强度与反射波相当。由于地球表面的弯曲性和地表物体的密集性，使得绕射波在电波传播过程中起到了重要作用。

（4）散射波：电波在传播过程中遇到障碍物表面粗糙或者体积小但数目多时，会在其表面发生散射，形成散射波。散射波可能散布于许多方向，因而电波的能量也被分散于多个方向，信号强度最弱。

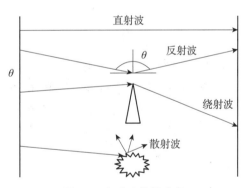

图 2-22 电磁波传播方式

由于移动信道的主要特点和上述的传播方式的特点，决定了将会对接收点产生影响，归纳起来，会产生如下 3 种效应。

①阴影效应（见图 2-23）：由大型建筑物和其他物体的阻挡而形成的传播接收区域上的半盲区，它类似于太阳光受阻挡后产生的阴影。光波的波长较短，因此阴影可见，电磁波波长较长，阴影不可见，但是接收终端（如手机）与专用仪表可以测试出来。

在无线电波的传播路径上，遇到地形不平、高低不等的建筑物、高大的树木等障碍物的阻挡时，在阻挡物的背面，会形成电波信号场强较弱的阴影区，这一现象叫阴影效应，和可见光的阴影效应类似，只不过我们肉眼看不到。终端从无线电波直射的区域移动到某地物的阴影区时，接收到的无线信号场强中值就会有较大幅度的降低。手机受到阴影效应的影响，有时会努力地增加更多发射功率，耗费更多的电能，正像小树生活在大树的阴影下，往往在向阳的一面生长很多茂盛的枝叶，以便吸收尽量多的阳光。

②多径效应：电波除了直接传播外，遇到障碍物，例如，山丘、森林、地面或楼房等高大建筑物，还会产生反射。因此，到达接收天线的超短波不仅有直射波，还有反射波，这种现象就叫多径传输。由于多途径传播使得信号场强分布相当复杂，波动很大；也由于多径传输的影响，会使电波的极化方向发生变化，因此，有的地方信号场强增强，有的地方信号场强减弱。另外，不同的障碍物对电波的反射能力也不同。电波传播信道中的多径传输现象所引起的干涉延时效应，称为多径效应，如图 2-24 所示。

③多普勒效应（见图 2-25）：由接收的移动信号高速运动而引起传播频率扩散而产生的，其扩散程度与用户运动速度成正比。

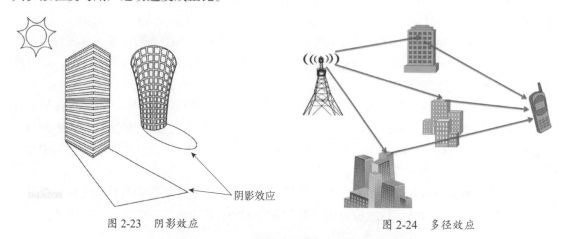

图 2-23　阴影效应　　　　　　　　　　　　　　图 2-24　多径效应

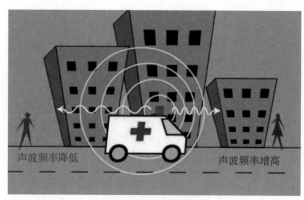

图 2-25　多普勒效应

2.5　天线技术

2.5.1　天线的种类

由于工作的频段及应用的场合不同，实际的天线有很多种类，例如：

①卫星通信地面站常使用抛物面天线。

②电视接收天线常使用八木天线。

③手机和车辆常使用鞭状天线。

④移动通信基站常使用板状天线。

⑤室内通信天线常使用吸顶天线。

由于天线的尺寸与其传播的电磁波的波长成正比，工作在不同频率上的天线尺寸差异也比较大。频率越低，电磁波的波长越长，因此天线的尺寸也越大。

2.5.2　天线的基本工作原理

（1）电磁波如何由封闭导线发射至自由空间。从实质上讲天线是一种转换器，它可以把在封闭的传输线中传输的电磁波转换为在空间中传播的电磁波，也可以把在空间中传播的电磁波转换为在封闭的传输线中传输的电磁波。

电磁波在自由空间或传输线内的传播过程中是相互独立的，向左传播的电磁波的存在不会影响向右传播的电磁波，因此一个天线可以同时作为接收和发射天线进行工作。

（2）振子及半波振子。导线载有交变电流时，就可以形成电磁波的辐射，辐射的能力与导线的长短和形状有关。

如果两导线的距离很近，且两导线所产生的感应电动势几乎可以抵消，因而辐射很微弱。如果将两导线张开，这时由于两导线的电流方向相同，由两导线所产生的感应电动势方向相同，因而辐射较强。当导线的长度远小于波长时，导线的电流很小，辐射很微弱。当导线的长度增大到可与波长相比拟时，导线上的电流大大增加，因而就能形成较强的辐射。通常将上述能产生显著辐射的直导线称为振子。

半波振子（见图 2-26）：两臂长度相等的振子叫作对称振子；每臂长度为四分之一波长为半波振子；全长与波长相等的振子，称为全波对称振子；将振子折合起来的，称为折合振子。

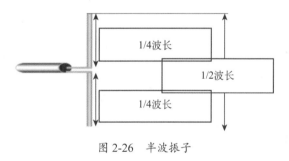

图 2-26　半波振子

2.5.3　天线阵列

所谓天线阵列就是将许多个天线按照一定的方式进行排列所形成的阵列，输入到每个天线的信号的幅度和相位都可以是不同的，这样通过合理控制各天线输入信号的幅度与相位，就可以得到所需要的天线特性。

由于单个天线的辐射方向性不够强，为了得到方向性较强的天线，常采用天线阵列的形式。可以以理想点源天线的阵列为例，来说明为什么天线阵列可以加强辐射的方向性。所谓理想点源天线就是辐射特性没有方向性，在所有方向上都是均匀的一种理想化的天线。

一般用来构成天线阵列的天线都是相同的，称为单元天线，最常用的单元天线就是半波振子天线。

在移动通信系统中使用的基站天线一般多为由基本单元振子组成的天线阵列。

2.5.4　基站天线的种类

基站天线按照水平方向图的特性可分为全向天线与定向天线两种，按照极化特性可分为单极化天线与双极化天线两种。一般全向天线多为单极化天线，定向天线有单极化天线和双极化天线两种。按照应用的场合可以分为室外天线与室内天线。

常用的基站定向天线有板状天线、八木天线、对数周期天线等。

全向天线在水平面内的所有方向上辐射出的电波能量都是相同的，但在垂直面内不同方向上辐射出的电波能量是不同的。定向天线在水平面与垂直面内的所有方向上辐射出的电波能量都是不同的。

单极化天线多为垂直极化天线，其振子单元的极化方向为垂直方向，而双极化天线多为45°斜极化天线，其振子单元为左斜45°与右斜45°极化相交叉的振子。

双极化天线相当于两副单极化天线合并在一副天线中，采用双极化天线可以减少塔上天线数量，减少工程安装的工作量，因而可以减少系统成本，因此目前得到广泛的使用。

2.5.5　天线的极化

天线辐射出的电波由电场与磁场矢量构成，而电磁场矢量的方向在不同的空间方向上是不同的，在最大辐射方向的电场矢量方向定义为天线的极化方向。天线的极化方向一般与单元振子的方向一致。

天线能否接收到信号取决于电磁波的极化方向与接收天线的极化方向是否一致，如果电磁波的极化方向与接收天线的极化方向相互垂直，则接收天线接收不到信号。

当发射天线垂直放置而接收天线水平放置时，接收天线将收不到发射天线发出的信号。因为发射天线发出的电磁波其电场极化方向是垂直的，垂直的电场作用到水平放置的接收天线上时，天线导体上的电子无法在电场作用下运动，所以不能产生电流。

当发射天线与接收天线都垂直放置时，发射天线发出的电磁波的电场极化方向是垂直的，垂直的电场作用到垂直的接收天线上时，天线上的电子会在电场作用下垂直运动，所以就在接收天线上产生电流。

当没有特别说明时，通常以电场矢量的空间指向作为电磁波的极化方向，而且是指在该天线的最大辐射方向上的电场矢量来说的。

电场矢量在空间上的取向在任何时间都保持不变的电磁波叫直线极化波。有时以地面做参考，将电场矢量方向与地面平行的叫水平极化波，与地面垂直的叫垂直极化波。电场矢量在空间的取向有的时候并不固定，电场矢量端点描绘的轨迹是圆，称圆极化波；若轨迹是椭圆，称之为椭圆极化波，椭圆极化波和圆极化波都有旋相性。

不同频段的电磁波适合采用不同的极化方式进行传播，移动通信系统通常采用垂直极化，而广播系统通常采用水平极化，椭圆极化通常用于卫星通信。

WCDMA 天线的极化方式有单极化天线、双极化天线两种，其本质都是直线极化方式。WCDMA 中的单极化天线通常使用垂直极化方式。双极化天线利用极化分集来减少移动通信系统中多径衰落的影响，以提高基站接收信号的质量，WCDMA 中的双极化天线通常使用±45°交叉极化方式。

双极化天线相对单极化天线有极化分集增益，且因为其极化方向有两个，适合城区接收信号经多次反射、折射造成的极化方向的变化，典型的应用场景为密集城区。

2.6　复用和多址技术

在通信系统中，通常有多个用户需要同时传输信息，因此需要解决信道资源的分配问题。

信道复用技术：根据可用的信道资源，将信道划分给不同的用户同时使用的方法。

多址技术：对信道资源和用户分别进行某种编号，使特定的信道资源与使用该资源的用户建立对应关系的方法。

多址接入：多个用户根据所分配得到的资源接入系统的过程。

信道的复用和多址技术的实施需要考虑用户通信过程的实时性。

信道资源划分的主要方法：频分复用、时分复用、码分复用、空分复用。

不同的资源划分方法，有相应的多址技术。

不同的信道划分方法，对资源的利用效率可能会有所不同，但总的可用资源（除空分复用外）一般只会减少，不会增加。系统的总可用资源由香农定理决定。

2.6.1　频分复用与频分多址

传统的频分复用方法：将可用的频谱资源在频率域上划分出若干段互不重叠的频带，每一段频带构成一子信道。

保护带：为保证在不同的子信道间不会产生相互间的干扰，在相邻频带之间设置一定宽度的隔离带，称为保护带。

频分复用方法及隔离带示意图如图 2-27 所示。

频分多址系统示意图如图 2-28 所示。

传统的频分复用系统因子信道间需要隔离带，频谱效率较低，且需要大量不同参数的滤波器。

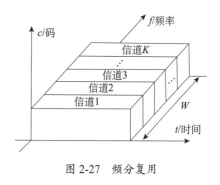

图 2-27　频分复用

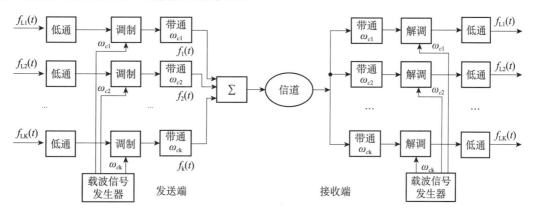

图 2-28　频分多址

2.6.2　时分复用与时分多址

时分复用方法：把传输时间划分成按周期出现的数据帧，帧内再进一步划分出时隙，每个子信道就是以帧周期间歇提供给用户的时隙。

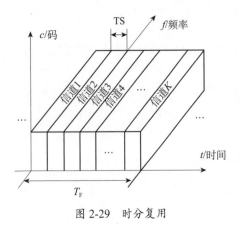

图 2-29　时分复用

合理地选择帧周期和时隙的大小，可使每个用户感觉就像在连续地使用一个属于自己的信道。

时分复用方法示意图，如图 2-29 所示。

时分多址的语音通信系统原理图，如图 2-30 所示。

多用户数据沿时间轴分布，如图 2-31 所示。

时分复用系统的特点：易于用集成电路实现；需要准确的定时。

时间保护间隔：时分复用的方法用于无线多址系统时，因为用户间有定位误差，且信号到达接入点可能有不同的时延，因此通常需要有时间保护间隔。

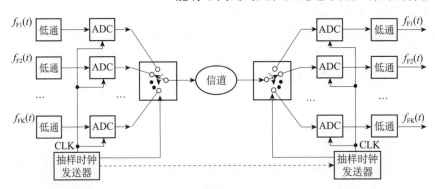

图 2-30　时分多址

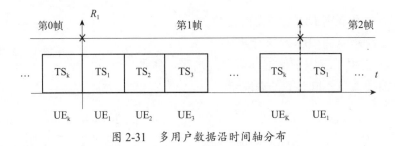

图 2-31　多用户数据沿时间轴分布

第 3 章 5G的需求和场景

3.1 5G技术标准

3.1.1 5G概念

"5G" 是第五代移动通信系统的简称（5th generation mobile networks 或 5th generation wireless systems、5th-Generation，简称 5G 或 5G 技术）。它是最新一代的蜂窝移动通信技术，是 4G、3G 和 2G 系统的延伸。

2015 年 10 月 30 日，在瑞士日内瓦举行的 2015 年无线电通信全体会议上，国际电信联盟无线电通信部门（ITU-R）正式批准了有助于促进未来 5G 研究进程的三项决议，并正式确定 5G 的法律名称为 "IMT-2020"。

随着 ITU 5G 计划的推出和实施，中国大大加快了推进 5G 网络的步伐。在政府的领导下，依托国家重大科技项目，IMT-2020（5G）推进组负责中国 5G 技术研发试验，正在积极实施。

5G 的性能目标是高数据速率、低延迟、节能、降低成本、增加系统容量和大规模设备连接。5G 规范的第一阶段在 release-15 中被设计来适应早期的商业部署。release-16 的第二阶段于 2020 年 4 月完成，并作为 IMT-2020 技术的候选提交给国际电信联盟（ITU）。ITU IMT-2020 规范要求最高 20 Gbit/s 的速度，允许宽信道带宽和高容量 MIMO。

5G 网络的主要优势是数据传输速率远高于之前的蜂窝网络，达到 10Gbit/s，比目前的有线互联网快，比之前的 4G LTE 蜂窝网络快 100 倍。另一个优点是较低的网络延迟（更短的响应时间），低于 1ms，而 4G 的网络延迟为 30~70ms。由于数据传输速度更快，5G 不仅为移动电话提供服务，还将成为一个通用的家庭和办公室网络提供商，与有线网络提供商竞争。以前的蜂窝网络提供了适用于移动电话的低数据速率互联网接入，但是一个蜂窝基站在经济上不能提供足够的带宽作为家用计算机的一般互联网提供商。

3.1.2 为什么需要5G

1. 5G 上升为国家战略

5G 已经成为世界各国加快数字经济发展、推动整个行业发展的战略。各国 5G 发展规划如图 3-1 所示。

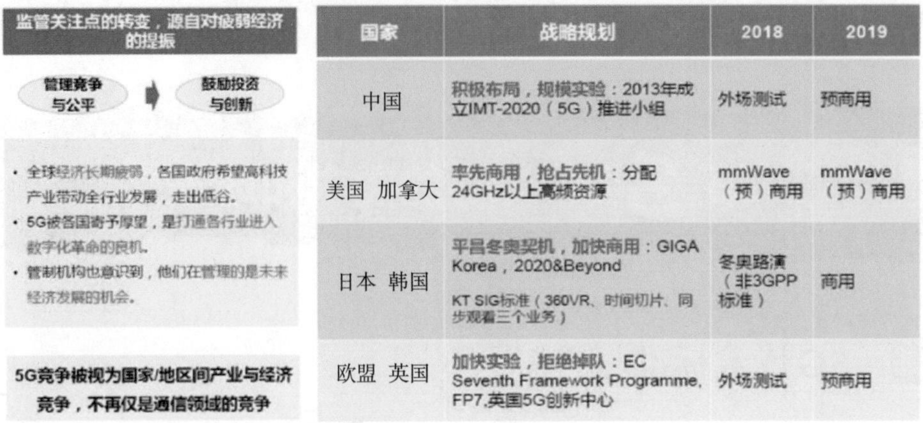

图 3-1　各国 5G 发展规划

2. 自身业务发展需要

同时，5G 的出现也源于业务发展对移动通信超高速、超大连接、超低延迟的需求。

> 讨论：以下哪些业务，是 4G 网络无法支持的？
> （1）微信聊天。
> （2）1.4Gbit/s 的高清 VR。
> （3）普通语音通话。
> （4）基于移动网络的自动驾驶。
> （5）远程医疗技术。
> （6）抖音。

3. 5G 网络特性

（1）峰值速率需要达到 10Gbit/s 的标准，以满足高清视频、虚拟现实等大数据传输的需要。

（2）航空接口的时延要求在 1ms 左右，以满足自动驾驶、远程医疗等实时应用的要求。

（3）超大网络容量，提供 1000 亿设备连接能力，满足物联网通信。

（4）频谱效率是 LTE 的 10 倍以上。

（5）具有连续的广域覆盖和高移动性，用户体验率达到 100Mbit/s。

（6）大大提高了流动密度和连接密度。

（7）系统实现了多用户、多点、多天线、多入口协同组网，以及网络间灵活的自动调整，提高了系统的智能水平。

以上是区分 5G 与前几代移动通信的关键，也是移动通信由技术为中心逐渐向用户为中心转变的结果。

3.1.3　5G的关键能力

回顾移动通信的发展历程，每一代移动通信系统都可以通过符号能力指标和核心关键技术来定义。其中，1G 采用频分多址（FDMA），只能提供模拟语音业务。2G 主要使用时分多址（TDMA），可以提供数字语音和低速数据服务。3G 以码分多址（CDMA）为技术特点，用户峰值速率达到 2Mbps（1bps=1bit/s）至 10Mbit/s，可支持多媒体数据业务。以正交频分多址（OFDMA）技术为核心，4G 可支持多种移动宽带数据业务，峰值用户速率可达 100Mbit/s 至 1Gbit/s。

5G 需要比 4G 有更高的性能，支持 0.1~1Gbit/s 用户体验率，每平方公里连接 100 万个，毫秒端到端延迟，每平方公里流量密度10Tbit/s，移动速度超过 500km/h，峰值速率10Gbit/s。其中，用户体验率、连接数密度和延迟是 5G 最基本的三个性能指标。同时，5G 还需要显著提高网络部署和运行的效率，其频谱效率是 4G 的 5~15 倍，在能源效率和成本效率上是 4G 的 100 多倍。

能效和濒谱效率、成本效率要求共同定义了 5G 的关键能力，就像盛开的花朵。红花绿叶相得益彰。花瓣代表了 5G 的六大性能指标，体现了 5G 满足未来多样化业务和场景需求的能力。其中花瓣顶点代表了相应指标的最大值；绿叶代表三个效率指标，是实现 5G 可持续发展的基本保障，如图 3-2 所示。

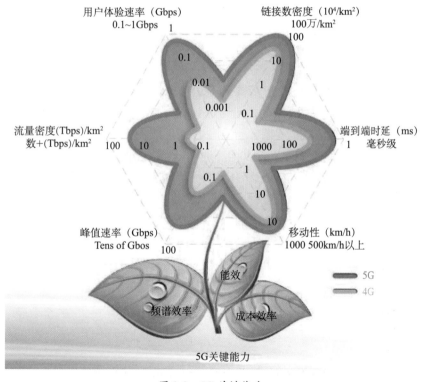

图 3-2　5G 关键能力

3.1.4　5G协议标准进程

2018 年 6 月 14 日，3GPP 正式批准冻结第五代移动通信（5G）独立组网标准，这意味着 5G 已经完成了第一阶段的全功能标准化。

这次确定的 R15 标准是第一阶段的全功能版本，包括非独立网络（NSA）和独立网络（SA）两种。独立网络标准已于 2017 年 12 月完成，并于 2018 年 3 月冻结。独立网络标准的冻结标志着第一个 5G 商业标准 R15 的全面完成。

5G 第一阶段标准是什么？最终标准是在什么时间？

根据 3GPP 早前公布的 5G 网络标准制定过程，整个 5G 网络标准分两个阶段完成：第一个阶段作为 5G 标准启动 R15，于 2018 年 6 月完成。在这一阶段，将完成独立组网的 5G 标准（SA），该标准支持移动宽带的增强，支持低延迟和高延迟的可靠物联网，完成网络接口协议。这就是我们所说的第一阶段标准或标准的第一个版本，如图 3-3 所示。

图 3-3　5G 从 3GPP Release 15 开始

启动 R16 为 5G 的第二阶段，初步计划 Rel-16 于 2019 年 12 月开发完全，2020 年 3 月冻结 ANS.1，考虑到 Rel-16 增强技术问题，讨论了繁重的工作，所以在 2018 年 12 月，3GPP 第 82 届会议，3GPP 宣布延期，计划 2019 年 12 月 RAN1 Rel-16 次完成功能冻结，RAN2 完成于 2020 年 3 月，原则上，2020 年 6 月 16 日完成 ANS.1（R16 于 2020 年 7 月冻结）。

Release17 已经发布，预计将在 2021 年 6 月之前冻结该规范，包括更广泛的边缘计算。

严格来说，5G 包括 LTE 演进和 5G 新技术，这些将在 R15 和 R16 协议中定义，包括 NR 和 Core Network 的 NextGeno。

一般认为，LTE 从 R8 版本开始，LTE A 从 R10 版本开始，4.5G（LTE-A Pro）从 R12 版本开始，5G 从 R15 版本开始。3GPP 加速 5G 标准进程如图 3-4 所示。

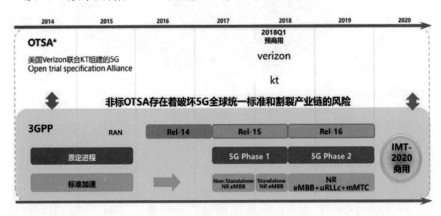

图 3-4　3GPP 加速 5G 标准进程

Polar 码被选为 R15 eMBB 控制信道编码，边缘化 OTSA，并最初保持一个全球标准。

R15 阶段于 2018 年 6 月完成冻结（见图 3-5），这将解决运营商的一些紧急市场需求，并优先考虑 eMBB 和 uRLLC 业务。

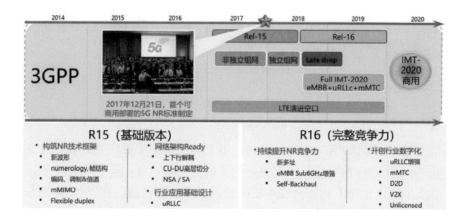

图 3-5　2017 年 12 月，R15 Ph1 NSA 标准（eMBB）被冻结

New Waveform：采用了 F-OFDM 技术。

numerology：指不同的子载波间隔带来的时隙长度、帧结构等的变化。

mMlMO：MassiveMIMO，可以到 64T64R。

Flexible duplex：上下行配置非常灵活，而且在同一个时隙里可以同时包含上下行。

NSA/SA：非独立组网和独立组网。

New Multiple Access：包括 SCMA 等新的多址接入方式。

Self-Backhaul：自回传技术。

D2D：设备对设备通信，不需要网络，设备之间可以自行进行通信。

V2X：Vehicle to Everything（V2X）车联网。

Unlicensed：使用非授权频率，也就是可以使用免费的公共频率进行数据传送，类似原来 4G 的 LAA 技术。

3.1.5　5G组网模式

NSA（非独立组网、非独立网络）：NR 没有独立的控制面，只有用户面。

SA（独立网络）：5G 使用 NGC，拥有自己的核心网络。

MSA（Multiple Stream Aggregation）多流聚合：终端可以使用多个相同或者不同制式的基站进行数据传输。

按照国际标准化组织 3GPP 对 5G 的定义来看，Non-Standalone 非独立组网（NSA）和 Standalone 独立组网（SA）是根据 5G 网络部署架构不同而分类出来的两种标准选项。这也意味着，从本质上来说，NSA 和 SA 都是真 5G。

不同的是，NSA 采用双连接模式，利用老的 4G 核心网络 EPC，在 4G LTE 的基础上构建 5G NR 控制面。虽然 SA 不再依赖于现有的 4G 网络架构，但 5G NR 直接连接到 5G 核心网络，5G 核心网络是一个相对完整和独立的 5G 网络。NSA 与 SA 组网方式如图 3-6 所示。

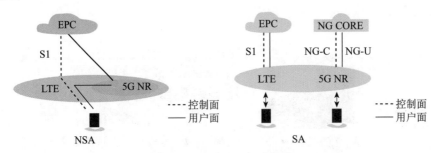

图 3-6　NSA 与 SA 组网方式

　　有人可能会有这样的疑问：从理论上讲，既然 SA 是一个更完整、更独立的 5G 网络，那么在 SA 模式下进行 5G 网络建设不是更好吗？说到这里，我们需要看看这个行业的现状。调查显示，事实上，由于技术和资金成本的问题，大多数运营商正在以 NSA 的方式推出 5G 网络，无论是在美国、韩国和其他 5G 商业先驱国家，还是在中国国内。这是因为 4G 现在是一项非常成熟的技术，现有的规模是巨大的。NSA 可以以此为基础，迅速开发和推广 5G 网络。这样不仅可以大大降低不成熟的 5G 技术和业务带来的风险，也可以有效地控制运营商所付出的时间和资金成本。相比之下，SA 标准体系结构技术只有大约一年的历史。无论技术成熟与否，仅在早期阶段投入的时间和资金就远远超过 NSA，在短时间内几乎不可能实现全面覆盖。

　　因此，尽管 NSA 并不是 5G 的必经之路，但在运营商首次部署 5G 时，它就成了他们的首选。然而，SA 有更多的商业想象空间，因为有更多的场景。如果说 NSA 只能支持业务场景 eMBB（增强型移动宽带），那么 SA 未来将主要被用于支持业务场景 mMTC（大规模机械化通信）和 uRLLC（飞船稳定性极强，低延迟），以及改变工商的生产方式和管理。也就是说，SA 将是 5G 发展的最终形式。

　　当然，没有人知道 SA 什么时候会完全推出和普及。一般来说，SA 是每个人的美好愿景，但在现阶段，运营商只能通过更加现实的 NSA 来实现 5G 的部署和建设，为用户提供 5G 体验。因此，目前业界对 SA/NSA 的共识是，NSA 是现在，SA 是未来。

　　思考：下列选项哪些对应 NSA，哪些对应 SA？

　　（1）能够支持 uRLLC 等新业务。

　　（2）和现存的 4G 网络解耦合。

　　（3）因为协议在 2017 年年底就冻结了，能较早部署 5G。

　　（4）协议在 2018 年冻结。

　　（5）5G 的基站需要连续覆盖。

　　（6）在 5G 部署初期投入较少。

　　（7）需要部署 NGC 而且部署周期较长。

3.2　5G 的三大应用场景

　　2015 年 9 月，ITU（国际电信联盟）正式确认了 5G 的三大应用场景，分别是 eMMB、uRLLC 和 mMTC，如图 3-7 所示。

（1）eMBB（Enhance Mobile Broadband）增强型移动宽带，就是以人为中心的应用场景，集中表现为超高的传输数据速率、广覆盖下的移动性保证等。

这种场景是现在人们使用的移动宽带（移动上网）的升级版，在5G的支持下，用户可以轻松享受在线2K/4K视频及VR/AR视频，用户体验速率可提升至1Gbit/s（4G最高实现10Mbit/s），峰值速度甚至达到10Gbit/s。

（2）uRLLC（Ultra Reliable & Low Latency Communication）低时延、高可靠通信。在此场景下，连接时延要达到1ms级别，而且要支持高速移动（500km/h）情况下的高可靠性（99.999%）连接。

uRLLC主要是服务于物联网场景的。例如车联网、无人机、工业互联网等。在这类场景下，对网络的时延有很高的要求。同时，这类场景对网络可靠性的要求也很高，不像手机上网，如果网络不稳定，最多引起用户的不满。

（3）mMTC（Massive Machine Type Communication）海量物联网通信。5G强大的连接能力可以快速促进各垂直行业（智慧城市、智能家居、环境监测等）的深度融合。

mMTC是典型的物联网场景。例如智能井盖、智能路灯、智能水表电表等，在单位面积内有大量的终端，需要网络能够支持这些终端同时接入，指的就是mMTC场景。

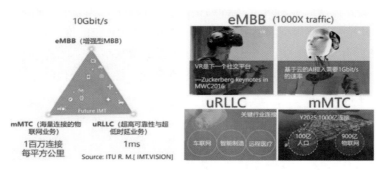

图3-7　ITU对IMT2020愿景的描述

3.3　5G的十大融合应用场景

从全球来看，5G在技术、标准、产业生态、网络部署等方面已经取得阶段性成果。5G落地的最后阶段——应用场景，正在各行各业逐步实现。5G应用落地的规则是什么？哪些应用程序是最先成熟的？基于ITU定义的三种应用场景，结合当前5G应用的实际情况和未来发展趋势，主要介绍VR/AR、超高清视频、车联网等十种应用场景。

3.3.1　5G性能指标和关键技术

与4G相比，在传输速率方面，5G的峰值速率为10~20Gbit/s，高出4G 10~20倍，用户体验速率将达到0.1~1Gbit/s，高出4G 10~100倍；在流动密度方面，5G的目标值为10Tbit/s/km²，增加了100倍；在网络能效方面，5G提升了100倍；在每平方公里可连接设备数量方面，5G每平方公里可连接设备数量达到100万，提升了10倍；在频谱效率方面，5G比4G提高了3~5倍；在端到端时延方面，5G将达到1ms水平，增加10倍；在移动性方面，

5G 支持高达 500km/h 的通信环境，提高了 1.43 倍。具体指标对比如表 3-1 所示。

表 3-1　4G 与 5G 性能指标对比

技术指标	峰值速率	用户体验速率	流量密度	端到端时延	连接数密度	移幼通信坏境	能效	频谱效率
4G参考值	1Gbit/s	10Mbit/s	0.1（Tbit/s）/km²	10ms	10^5km²	350km/h	1倍	1倍
5G目棕值	10~20Gbit/s	0.1~10Gbit/s	10（Tbit/s）/km²	1ms	10^6km²	500km/h	100倍提升	3~5倍提升
提升效果	10~20倍	10~100倍	100倍	10倍	10倍	1.43倍	100倍	3~5倍

3.3.2　5G对相关产业的影响

1. 核心产业

5G 具有高速率、覆盖广、低延迟的特点，为经济社会各行各业的数字化、智能化转型提供了技术前提和基础平台。5G 的快速发展将依托领先技术、行业先行者和巨大市场的优势，推动移动通信行业取得突破。由于 5G 的高速和大带宽要求，需要优先进行骨干网升级，这显然将优先发展光模块、光纤和光缆等通信设备。预计到 2021 年，光模块产业规模将达到 140 亿元，光纤光缆产业规模将达到 500 亿元。由于 5G 频段的推广，5G 基站的数量将大大增加。预计 2021 年将建成 50 万个宏基站，150 万个微基站。这将进一步推动射频等通信设备行业的爆发式增长，行业规模预计将达到 860 亿元。综合分析预测，到 2025 年，5G 核心产业规模将达到 1 万亿元。

2. 相关产业

如图 3-8 所示，结合新一代的大数据和人工智能等技术，5G 催生了各种各样的新应用、新产品和新商业模式，并促进了产业的升级换代等，包括虚拟现实 / 增强现实、超高清视频、车联网和网络化的无人机，从而极大地满足多元化和高层次消费领域的需求。预计到 2025 年，由 5G 驱动的相关垂直产业的市场规模将达到 3 万亿元。

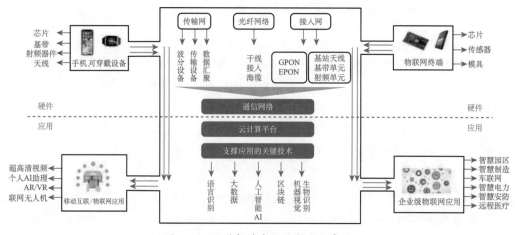

图 3-8　5G 对相关产业的影响全景图

（1）虚拟现实 / 增强现实（VR/AR）：融合 5G 的 VR/AR 产业将进一步全面渗透互动娱

乐、智能制造、医疗卫生、教育、商业等相关产业，推动新模式转型。预计到2025年，全球VR/AR应用市场规模将达到3000亿元，其中中国市场占比将超过35%。

（2）超高清视频：随着网络速度的提高和应用终端的逐步完善，移动互联网和工业互联网也将迅速向超高清视频发展。预计到2025年，5G驱动的超高清视频应用市场规模将达到1.75万亿元左右。

（3）车联网：结合5G技术和汽车产业，比亚迪、长安汽车、广汽集团、上汽集团等汽车厂商积极布局智能网络汽车生产。运营商和设备供应商（如中国联通、百度、中兴通讯等）通过与自主驾驶垂直领域合作伙伴（如清华大学、大唐、福特、一汽等）的联合创新，构建协同的汽车驾驶生态系统。预计到2025年，中国将拥有1000万辆5G联网汽车，市场规模约5000亿元。

（4）网络化无人机：成熟的5G技术将提升无人机制造业、各类传感器和无人机运营企业的产品和服务，拓展5G电信运营商和云服务提供商的业务范围。预计到2025年，小型无人机软件、硬件、应用和服务的市场规模将达到2000亿元左右。

3.3.3　商业模式

1. 基于流量的业务模式

在5G的早期阶段，最先走向成熟的是增强型移动宽带（eMBB）应用场景，主要针对个人消费者（2C）。在这种情况下，流量运营仍然是运营商的主要业务模式。在5G时代，运营商需要加快用户分类的智能管道升级，实现流量差异化收费模式。

2. 基于连接的商业模式

对于大型连接场景，连接是基本的收入流。在这种情况下，可以单独提供连接，也可以包括一些终端设备和模块。运营商可根据物联网设备采用卡用户收益（月/年）等方式收费。

3. 基于网络切片的商业模式

在5G时代，运营商可以根据不同的垂直行业和特定区域定制网络切片，以支持相应的业务发展。垂直行业用户可以直接向运营商购买网络切片，一般采用按年收费的方式。

4. 基于完整解决方案的商业模式

对于制造业等一些垂直产业而言，制造企业正面临着数字化、网络化、智能化转型的挑战。运营商可以依托5G服务提供商的优势，为工业企业提供厂内外连接、设备终端和平台层数字化改造等一整套解决方案，并按年收取服务费。这种商业模式比前几种模式增加了更多的价值，但是垂直行业的经营者有更多的专业对手，竞争更加激烈。

3.3.4　细分应用场景

1. VR/AR

（1）应用场景概述。VR/AR是近眼现实、感知交互、渲染处理、网络传输、内容制作等新一代信息技术融合的产物。新形势下，高质量的VR/AR业务对带宽和时延的要求越来越高，速率从25Mbit/s逐渐提高到3.5Gbit/s，时延从30ms降低到5ms以下。VR/AR业务指标要求如表3-2所示。随着大量数据和计算密集型任务转移到云端，"Cloud VR+"将成为未来VR/AR和5G融合创新的典型范例。凭借5G超宽带高速传输能力，可以解决痛点问题，例如VR/AR渲染能力不足、弱互动体验和终端移动性差，促进传媒产业的转型升级，并培养第一波5G的"杀手级"应用在文化宣传、社会娱乐、教育科普等大众和行业领域。5G+VR/AR融合应用场景示意图如图3-9所示。

表3-2　VR/AR业务指标要求

	场景	实时速率/（Mbit/s）	时延/ms
VR业务	典型体验	40	<40
	挑战体验	100	<20
	极致体验	1000	<2
AR业务	典型体验	20	<100
	挑战体验	40	<50
	极致体验	200	<5

图3-9　5G+VR/AR融合应用场景示意图

（2）应用案例（见图3-10）。

①"VR超感课堂"：在2019年北京教育设备展上，北京威尔文教科技有限公司展示了"VR超感课堂"。基于"5G+云计算+VR"，打造便捷高效的端到端云计算平台，构建VR智能教学生态系统。

②华为视频VR：华为在上海推出了全球首个基于云的VR互联服务，并紧接着推出颠覆性的VR终端。通过典型的5G智能终端、宽管道和云应用的商业模式，CloudVR将成为最重要的eMBB业务之一。

③江西5G+VR春节联欢晚会：2019年江西春节联欢晚会首次采用5G+8K+VR录制播出。观众可以通过手机、PC、VR耳机等多种方式体验观看，尤其是VR耳机用户可以体验沉浸式观看。

图 3-10　5G+VR/AR 融合应用案例

2.超高清视频

（1）应用场景概述。超高清视频作为继数字高清媒体之后的新一代创新技术，被业界认为是 5G 网络最早商用的核心场景之一。超高清视频的典型特征是大带宽、高数据率，根据行业的主流标准，4K、8K 视频传输速率至少为 12~40Mbit/s、48~160Mbit/s，如表 3-3 所示，4G 网络已经不能满足网络流量、存储空间、回传时间延迟和其他技术指标，5G 好的承载力成为满足该场景需求的有效手段。目前，4K/8K 超高清视频与 5G 技术相结合的场景不断涌现，被广泛应用于大型赛事 / 活动 / 事件直播、视频监控、商业远程实时直播等领域，成为具有广阔市场前景的基础应用，如图 3-11 所示。

表 3-3　超高清视频应用场景指标参数

业务应用	网络速率	端到端时延	网络类型
4K视频	30~120Mbit/s/单用户		4G/5G
8K视频	≥1Gbit/s/单用户 ＞10Gbit/s/单小区		5G
高清视频回传	50~120Mbit/s/单用户	≤40ms	5G

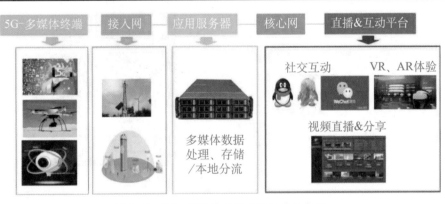

图 3-11　5G+ 超高清视频直播场景示意图

（2）应用案例。

①8K 北京冬奥会制作与转播：在 2022 年北京—张家口冬奥会期间，将充分利用 5G 技术开展重大活动，对重大体育赛事进行现场直播。北京明确了"5G+8K"超高清视频的发展方向。业内将以此为契机，加快 8K 超高清直播落地，推动中国 8K 超高清视频产业的发展。

②中央电视台春节联欢晚会 5G+4K/5G+VR 超高清的直播：2019 年中央电视台春节联欢

晚会的主要会场和深圳分会场进行了 5G 超高清的视频直播，画面流畅、清晰、稳定，标志着中国电信中央电视台春节联欢晚会直播工作的圆满完成。

③云栖大会 5G+8K 远程医疗仿真：在 2018 年云栖大会上，中国联通、阿里云、京东方等企业创造性地完成了 5G+8K 视频技术在远程医疗领域的首次应用演示，标志着 8K 超高清直播技术的商业化成为可能。

3. 车联网

（1）应用场景概述。车联网是智慧交通领域最具代表性的应用之一。"人—车—路—云"一体化协同通过 5G 等通信技术实现，是低时延、高可靠性场景中最典型的应用之一。加入 5G 元素的车联网系统将更加灵活，实现车内、车际、车载互联网之间的信息通信，促进与低时延、高可靠性密切相关的遥控驾驶、编队驾驶和自主驾驶场景的应用。远程控制驾驶，车辆由驾驶员在远程控制中心控制，采用 5G 解决其往返时延（RTT）小于 10ms 的要求。编队驾驶，主要应用于卡车或货车，提高运输安全和效率，5G 用于解决 3 辆以上的编队网络的高可靠性和低时延要求。自主驾驶，大部分的应用场景，如紧急制动 V2P、V2I、V2V、V2N 等多路通信同时进行，数据采集和处理量大，需要 5G 网络满足其大带宽（10Gbit/s 的峰值速率）、低时延（1ms）和超高连接的数量（1000 亿连接）、高可靠性（99.999%）和高精度定位等能力。车联网应用指标要术，如表 3-4 所示。5G+ 车联网场景示意图如图 3-12 所示。

表 3-4 车联网应用指标要求

车联网应用	车路协同空口时延要求/ms	可靠性	传输速度	定位能力	网络
安全类应用	≤3~5	可靠性99.9999%		0.1m	LTE-V2X/5G
地图下载	≤1000		25Mbit/s~1Gbit/s		4G/5G

图 3-12 5G+ 车联网场景示意图

（2）应用案例（见图 3-13）。

①北京房山国内首个 5G 自动驾驶示范区：房山区政府与中国移动在北京高端制造业基地打造国内第一个 5G 自动驾驶示范区，建成中国第一条 5G 自动驾驶车辆开放测试道路，可提供 5G 智能化汽车试验场环境。

②R&S、华为 5G V2X 测试：华为和罗德与施瓦茨（R&S）合作，在德国慕尼黑开展 5G V2X 通信，用于移动汽车现场测试中的协同驾驶应用，对 5G 应用于远程自动驾驶控制奠定良好基础。

③厦门全国首个商用级 5G 智能网联驾驶平台：厦门市交通运输局、公交集团与大唐移动通信设备有限公司签署协议，在厦门 BRT（快速公交系统）上建设全国首个商用级 5G 智能网联驾驶平台，推动厦门 BRT 最终实现无人驾驶。

图 3-13　5G+ 车联网应用案例

4. 联网无人机

（1）应用场景概述。5G 网络将赋予网联无人机超高清图视频传输（50~150Mbit/s）、低时延控制（10~20ms）、远程联网协作和自主飞行（100Kbit/s，500ms）等重要能力，可以实现对联网无人机设备的监视管理、航线规范、效率提升。5G 网联无人机将使无人机群协同作业和 7×24 小时不间断工作成为可能，在农药喷洒、森林防火、大气取样、地理测绘、环境监测、电力巡检、交通巡查、物流运输、演艺直播、消费娱乐等各种行业及个人服务领域获得巨大发展空间。5G+ 联网无人机融合应用场景示意图如图 3-14 所示。

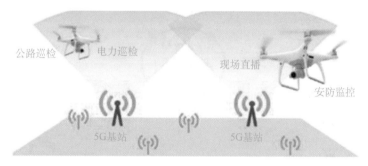

图 3-14　5G+ 联网无人机融合应用场景示意图

（2）应用案例（见图 3-15）。

①上海 5G 无人机高清直播：搭载 5G 通信技术模块的无人机在上海虹口北外滩，成功实现了基于 5G 网络传输叠加无人机全景 4K 高清视频的直播。

②5G 无人机电力巡检：南方电网广东省东莞市供电局变电站，是国内首个实现"5G 无人机＋程序化"的变电站，由东莞联通提供 5G 网络信号支持，进行电力线设备巡检。在计算机屏幕上可以清楚地看到变电站设备上的信号灯和文字。

③杭州未来的研究和创新公园 5G 无人机物流：杭州余杭未来研究和创新园区实现了无人机使用 5G 网络将摄像头识别的画面传输到后台监控平台规划确定的路径，并依靠 5G 实时视觉识别确认交货地点，完成物流配送。

图 3-15　5G+ 联网无人机融合应用案例

5. 远程医疗

（1）应用场景概述。通过 5G 和物联网技术可承载医疗设备和移动用户的全连接网络，对无线监护、移动护理和患者实时位置等数据进行采集与检测，并在医院内业务服务器上进行分析处理，提升医护效率。在 5G、人工智能和云计算技术的帮助下，医生可以通过基于视频和图像的医疗诊断系统，为患者提供远程实时会诊和紧急救援指导等服务。例如，基于人工智能和触觉反馈的远程超声在理论上要求数据速率为 30Mbit/s，最大延迟为 10ms。患者可以通过便携式 5G 医疗终端和云端医疗服务器与远程医疗专家进行交流，随时随地享受医疗服务。5G+ 医疗融合应用场景示意图如图 3-16 所示。

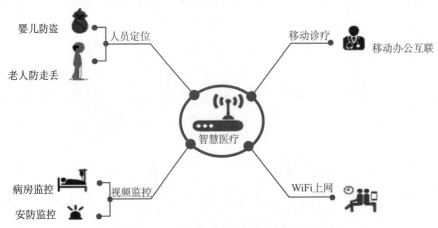

图 3-16　5G+ 医疗融合应用场景示意图

（2）应用案例。

①中国首个 5G 远程心脏手术：中国移动和华为协助海南总医院通过操控接入 5G 网络的远程机械臂成功完成了位于北京的患者的远程人体手术——这是中国首个在 5G 网络下进行的远程手术。

② 5G 智慧医疗联合创新中心：上海第一医院正在建设 5G 智慧医疗联合创新中心，将覆盖远程查房、区域医学影像中心远程会诊、远程手术教学、远程操作机械臂诊疗等服务。

③中日友好医院 5G 室内数字系统：北京移动与华为完成了中日友好医院 5G 室内数字系统的部署，为移动查房、移动护理、移动检测、移动会诊等应用提供 5G 网络环境。

6. 智慧电力

（1）应用场景概述。5G 技术将应用于智慧电力的许多方面。在发电领域，特别是在可再生能源发电领域，有必要实现高效的分布式电源接入调控。5G 可以满足实时数据采集与传输、远程调度与协调控制、多系统高速互联等功能。在电力传输和变换领域，具有低时延和大带宽特性的定制化的 5G 电力切片能够满足智能电网高可靠性和高安全性的要求。在配电领域，5G 网络作为基础可以支持智能发布式配电自动化的实现，实现故障处理过程的全自动进行。在电力通信基础设施建设领域，通信网络将不再局限于有线模式，特别是在山地、水域等复杂地形特征下，5G 网络部署比有线模式更便宜、更快。

（2）应用案例。

①河南高压变电站 5G 测试站：在河南省电力公司和河南移动的密切合作下，首个国内超过 500kV 级以上高压 / 超高压变电站 5G 测试站在郑州官渡变电站建成并投入使用，通过 5G 网络成功实现了变电站与河南省电力公司的远程高清视频交互。

②广东 5G 智能电网试点项目：在广州举行的中国移动全球合作伙伴大会开幕当天，广东移动、中国南方电网、中国信息通信研究院、华为联合启动了商用 5G 智能电网试点项目。目前，智能电网的探索已经展开，包括分布式配电网差动保护、应急通信、配网计量、在线监测等方面。

③江苏 5G 电力切片测试：中国电信江苏公司、国家电网南京供电公司、华为在南京成功完成了全球首个基于 5G SA 的电力切片测试。测试证实切片具备安全隔离性，能够实现电网对负荷单元毫秒级精确管理的业务需求。

7. 智能工厂

（1）应用场景概述。在工业互联网领域，5G 独立网络切片支持企业实现多用户和多业务隔离和保护。大连接的特点满足工厂信息采集和大规模机器间通信的要求。厂外 5G 通信可以实现跨厂跨区域的远程问题定位、远程控制和设备维护。在智能制造过程中，高频和多天线技术在工厂中支持精确定位和高带宽通信。毫秒低延迟技术将实现工业机器人、工业机器人与机器设备之间前所未有的交互与协调，提供准确、高效的工业控制。在柔性制造模式下，5G 可以满足工业机器人灵活移动性和差异化业务处理的高要求，提供覆盖供应链、生产车间和产品全生命周期的制造服务。在建设智能工厂的过程中，5G 可以替代有线工业以太网，节约成本。5G+ 智能工厂融合应用场景示意图如图 3-17 所示。

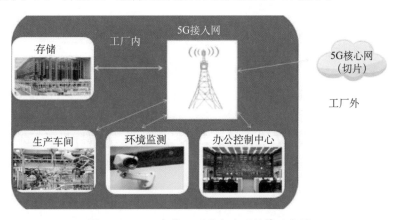

图 3-17　5G+ 智能工厂融合应用场景示意图

（2）应用案例（见图 3-18）。

① 5G 三维扫描建模检测系统：浙江移动通过与杭汽轮集团合作，建立了 5G 三维扫描建模检测系统。该系统使得检测时间从 2~3 天降低到 3~5 分钟，在实现产品全量检测的基础上还建立了质量信息数据库，便于后期质量问题分析追溯。

② 5G 航天云网接入试验：贵阳市 5G 实验网综合应用示范项目已完成 5G 创新实验室对航天云网的平台接入，通过 5G 网络将海量工业设备信息以超低时延实时上传到云端，实现对整个生产制造过程及设备状态情况进行实时监测。

③大众 5G 微缩汽车流水线：德国大众公司展示了一条基于 5G 技术的微缩汽车组装流水线。与现有的随机监测相比，这种生产方式的准确性和可靠性大幅提升。

图 3-18　5G+ 智能工厂融合应用案例

8. 智能安防

（1）应用场景概述。视频监控是智能安防的重要组成部分之一。5G 超过 10Gbit/s 的高速传输速率和较低的毫秒级时延，将有效提高现有监控视频的传输速度和反馈处理速度，使智能安防实现远程实时控制和预警，从而做出更有效的安全防范；将进一步扩大安全监测范围，获取更多多维监测数据。公共汽车、警车、救护车和火车等交通工具的实时监控将成为可能，监测成本将大幅下降。在家庭安全领域，5G 将进一步降低单位流量的资费费率，并将推动智能安防设备进入普通家庭。

（2）应用案例。

①南昌智能视频云监控：江西电信、华为、云眼大视界携手在南昌新建区丽水佳园完成了江西省内首个 5G 网络环境下的智能视频云监控实验点。借助 5G 网络，智慧云眼通过人脸、车牌识别、分析功能，可实现小区进出人员、车辆的识别。

②新松 5G 智能巡检机器人：沈阳新松与辽宁移动共同建立的 5G 创新技术联合创新中心开展了基于 5G 环境下智能巡检机器人设备的测试和验证，调试完成后将被应用在华晨宝马、新松、沈阳机床等工业企业厂区巡检、园区巡逻等领域。

③广州 5G 公交实时监控：广州新穗巴士有限公司在广州国际投资年会上展示了 5G 公交实时监控。展出的样车，实现了全车六路 720P 高清制式视频实时监控，具备了人脸图像采集、实时比对分析、实时自动报警提示的功能。

9. 个人 AI 设备

（1）应用场景概述。在 5G 时代，更多的可穿戴设备将加入虚拟人工智能助手功能。个人 AI 设备可以充分利用 5G 的优势，如大带宽、高速率、低时延，以及充分利用云端人工智能和大数据的力量来实现更快速、准确的信息检索、机票预订、商品购买、医生预约和其他基本功能。此外，对于视障人士等特殊人群来说，佩戴连接 5G 的人工智能设备可以极大地提高生活质量。除了消费领域，个人 AI 设备还将用于企业业务。制造业工人可以通过个人 AI 设备实时接收来自云端的最新语音和流媒体命令，有效提高工作效率和改善工作体验。5G+ 个人 AI 设备融合应用场景示意图如图 3-19 所示。

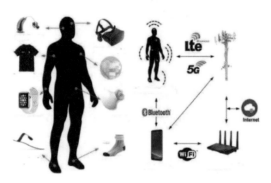

图 3-19　5G+ 个人 AI 设备融合应用场景示意图

（2）应用案例。

①导盲头盔：华为 MATE 通过云端智能控制终端 DATA 实现头盔与云端平台之间的连接，可为视力障碍人群提供人脸识别、物体识别、路径规划、避障等服务。

②虚拟键盘：NEC 公司推出利用新型增强现实（AR）技术的 ARmKeypad，允许用户借助头戴式眼镜设备和手上佩戴的智能手表来使用虚拟键盘。

③智能手表：Apple、华为等主流智能手表厂商纷纷瞄准 5G，积极集成各类 5G 应用如 AR、AI 监护等到新智能手表产品中。

10. 智慧园区

（1）应用场景概述。智慧园区是指利用信息通信技术，对城市运行核心系统的关键信息进行感知、分析和整合，对民生、环保、公安、城市服务、工商活动等各种需求做出智能响应。利用 5G 高速率、低时延、大连接的特性，将如智能工厂、智能旅游、智能医疗、智能家居和智能金融等多种应用场景进入园区，为人们创造一个更好的工作和生活环境，为园区产城融合提供一个新的路径。5G+ 智慧园区融合应用场景示意图如图 3-20 所示。

（2）应用案例。

①杭州新天地 5G 智慧园区：2019 年 3 月 21 日，"创见·未来 杭州新天地 5G 战略合作签约仪式"在杭州新天地举行，宣告浙江首个华为 - 联通 5G 智慧园区正式落户杭州新天地。

②河南 5G 智慧物流园区：2019 年 4 月 7 日，传化智联携手中国电信、华为科技、河南省工业和信息化厅签订战略合作协议，推动河南首个 5G 智慧物流园区——传化物流小镇 5G 智慧物流园区建设。

③首钢 5G 智慧园区：2018 年 10 月，中国联通和首钢集团在首钢园区举行战略合作伙伴签约仪式，双方将携手把首钢园区打造成国内首个 5G 示范园区，并在建设 5G 产业园区、

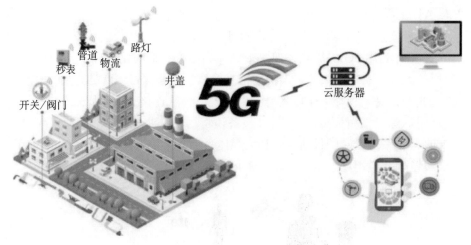

图 3-20　5G+ 智慧园区融合应用场景示意图

奥林匹克文化推广、冰雪运动发展等方面展开战略合作。

3.3.5　5G应用规律

从以上研究来看，5G 应用有以下规律：

（1）5G 应用从 eMBB 场景开始，逐渐渗透到 uRLLC 和 mMTC 场景。

（2）未来 5G 应用的主要市场将以垂直产业应用为导向，跨界融合是 5G 的"必修课"。

（3）5G 的应用时间与网络部署进度、垂直产业的发展和国家政策的推进密切相关。

（4）在 5G 应用中，VR/AR、超高清视频、网络化无人机等应用是基础应用，其他应用场景大多是上述三种应用场景的叠加。5G 十大融合应用时间表如图 3-21 所示。

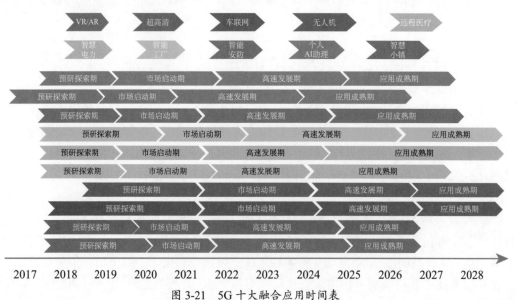

图 3-21　5G 十大融合应用时间表

总之，5G 网络大带宽、低延迟、高可靠性、广覆盖等特点，结合人工智能、移动边缘计算、端到端网络切片、无人机技术，在 VR/ AR、高清视频、车联网、无人机和智能制造、电力、医疗、智慧、城市等领域有广阔的应用前景，5G 与垂直行业的"无缝"融合应用，将带来个人用户和行业客户体验的巨大变化。

从全球来看，5G在技术、标准、产业生态

3.4 5G面临的挑战

3.4.1 5G发展五大动力

5G发展的驱动力来自5个方面：国家战略、运营商竞争态势、产业链上下游设备制造商的推动、消费者的诉求、行业数字化转型需求。这五个因素共同推动了中国5G产业的快速发展。

1. 动力一：国家战略

5G定位是国家基础产业。因此，各国都在抢占5G产业发展的制高点。占据5G产业发展的制高点，不仅能促进国内5G直接和间接经济产出的增长，还能分享其他国家5G产业发展的红利。

2019年4月3日，美国国防部公布了《5G生态系统：对美国国防部的风险与机遇》报告，预测中国依赖于启动子Sub-6 GHz 5G网络将推动智能手机、电信设备制造商和半导体与系统供应商的市场大幅增长，导致互联网公司的服务增长，中国可能重现美国在4G领域的辉煌。因此，美国国内对争夺5G领导地位越来越感到焦虑和紧迫。

全世界都有这样的看法，这就是为什么美国和韩国争相成为第一个提供5G无线服务的国家。2019年4月3日，韩国三大运营商SK电讯、KT电信和LG U+宣布正式商用5G，推出5G移动网络服务，并号称"世界首个商用"。一小时后，美国运营商Verizon正式宣布在一些地区推出5G无线网络服务。

中国已经成为继韩国、美国、瑞士和英国之后，世界上第五个开通5G服务的国家。毫无疑问，中国在5G领域的投入是稳固的。自2016年5G试验启动以来，中国积极推动完成5G关键技术验证、技术方案验证和系统组网验证三个阶段。

中国信息通信研究院发布的《5G产业经济贡献》报告预计，从2020年到2025年期间，经济产出总量直接带动的商业用途5G在中国将达到10.6万亿元人民币，而总间接拉动的经济产出将达到24.8万亿元。如此巨大的经济产出是国家战略意志的体现。

2. 动力二：运营商竞争态势

据韩国媒体报道，截至2019年6月10日，韩国加入5G服务的用户数量超过了100万，而此时距离韩国商业使用5G仅有69天。在一场争夺用户的"价格战"中，韩国三大运营商SK电讯（SK telecom）、韩国电信（KT）和LG U+对5G手机进行高额补贴。在美国，由于市场竞争，美国电话电报公司（AT&T）、威瑞森（Verizon）、T-mobile和Sprint都在积极寻求商用5G部署。例如，美国电话电报公司（AT&T）正在分阶段部署5G网络，首批覆盖12个城市，第二批增加约10个。与此同时，AT&T正努力将其在4G时代积累的企业解决方案经验扩展到5G，积极开发零售、医疗、金融、教育、安全等垂直行业的创新应用。

从运营商的角度来看，如果你不积极加入5G，你的竞争对手就会超过你，你的用户资源就会流失，你的业绩就会下降，这对运营商来说是难以承受的。竞争压力，迫使运营商提前争夺5G。国内运营商也面临着同样的情况。当然，与国外运营商相比，国内运营商不仅面临着商业竞争的压力，也承担着非商业的普遍服务义务。

2019年，中国移动在全国建设了5万多个5G基站，并在50多个城市提供5G商业服务。到2020年，网络覆盖范围进一步扩大，在中国所有地级以上城市地区提供5G商业服务。中国移动实施"5G+计划"：一是促进5G+4G协同发展；二是推动5G+AICDE一体化创新；三是推进5G+生态共建；四是推动5G+X应用推广。

中国电信将在40多个城市建设NSA/SA的优质混合网络，2020年率先启动面向SA的网络升级，并在SA基础上开辟边缘计算、网络切片等5G差异化网络能力。与此同时，加速云网融合，赋予5G更多内涵。中国电信在上海重点发布"5G产业云网络解决方案"，为六大行业提供服务，分别是媒体、医疗、教育、金融、物联网（水、火、车联网）和视频。

中国联通实施"7+33+N"5G网络建设策略，实现在北京、上海、广州、深圳、南京、杭州和雄安7大城市连片覆盖，在福州和厦门等33个主要城市实现热点覆盖，在N个城市制定5G网中专网，同时构建各种工业应用场景。

3. 动力三：产业链上下游设备制造商的推动

5G产业链包括上游设备制造商、中游运营商、下游终端设备制造商及行业应用解决方案提供商。上游设备，除了熟悉的四个系统设备制造商华为、中兴、爱立信、诺基亚，还包括芯片制造商（光电芯片、计算芯片、交换芯片、射频芯片等）、基站天线/振动器制造商、射频模块制造商（过滤器、功率放大器、射频开关等）、基带模块制造商、PCB制造商、光模块制造商、无光源器件厂商、光纤电缆制造商、小微基站、铁塔厂商、承载设备厂商等。

终端设备制造商包括智能手机、智能网络汽车、智能家居等领域。行业应用解决方案提供商涉及汽车互联网、工业互联网、智能医疗、智能教育等多个行业。

在中国4G建设已经饱和的情况下，产业链上下游的设备制造商自然会把希望寄托在5G的发展上。

以智能手机为例，无论是智能手机的增长还是智能手机的普及率都已经进入了存量市场的阶段。在存量市场环境下，中国智能手机市场未来的机遇在于用户对手机升级换代的需求，尤其是5G技术带来的手机换代需求。

4. 动力四：消费者的诉求

全球2G GSM用户数突破1亿大关，用了6年时间（1992—1998年）。全球3G UMTS用户数突破1亿大关，用了5年时间（2001—2006年）。全球4G LTE用户数突破1亿大关，只用了3年时间（2010—2013年），仅为2G时代用户发展时间的一半。消费者对新技术的接受度越来越高，尤其是中国消费者。一旦5G网络实现大面积覆盖，用户将迅速向5G转化。

同时，年轻人、高学历、居住在城市的成年人是最早接触智能手机的人群。在中国，年轻成年人是智能手机覆盖率最高的人群，2018年，91%的18岁到24岁成年人，89%的25岁到34岁成年人拥有智能手机。而这群人中存在大量"数字原生代"，即在智能手机和互联网上长大的人。数字原生代能够同时认知处理多种信息来源，天然具备积极拥抱新一代信息技术的诉求。比如在游戏、体育、娱乐、在线漫画和表演中，发展5G AR/VR服务，一定会受到年轻成年人的热烈追捧。

5. 动力五：行业数字化转型需求

中国经济已从快速增长阶段转向高质量发展阶段。从传统产业的角度看，要素成本上升、资源和环境的压力越来越大、持续的产能过剩，以及发展中国家工业化和发达国家的再度工业化的双重挤压，以往依赖要素驱动和依靠低成本竞争的增长模式变得越来越难以维持，这是转型和发展的迫切需要。

产业数字化转型是我国产业转型升级的重要驱动力之一。数字化转型不仅包括较低发展阶段企业信息化水平的提高，还包括较高发展阶段企业数字化、网络化、智能化的实现。

工业、农业、能源等传统产业以及交通、安全等各类产业都有数字化转型的强烈愿望。例如，在汽车行业，全球市场低迷，利润下滑。2019年，中国的汽车销量下降8.2%。为了应对挑战，汽车企业积极开展"智能、网络、电力、共享"四个现代化的探索。在电气化方面，中国新能源汽车销量持续增长，2019年达到120.6万辆，2020年达到136.7万辆。

网联化方面，工信部在2018年12月25日发布《车联网（智能网联汽车）产业发展行动计划》，提出到2020年车联网用户渗透率达30%或更多，新汽车驾驶辅助系统（L2）搭载率达到30%以上，网络的车载终端信息服务在新汽车中的装配率在60%以上。5G网络的发展将有助于汽车行业网联化实现这一目标。

在汽车制造业，更多的无线连接将出现在工厂。未来，工厂内所有智能单元都可以基于5G无线联网，生产流程与智能设备的结合可以快速灵活地进行调整，以适应市场的变化和日益个性化、定制化的客户需求的趋势。在汽车应用中，基于5G网络的大带宽、宽连接、高可靠性和低延迟，可以实现对汽车的全面感知、准确决策和实时控制。5G将帮助汽车行业实现数字化转型。

3.4.2 5G发展四大挑战

在5G的发展中，面临着四个挑战：商业模式不清晰、建设和运营投入巨大、多路径技术选择和供应链全球化依赖。

1. 挑战一：商业模式不清晰

运营商面临着"加快速度、降低成本"和同质化竞争的巨大压力。虽然无限计划可以帮助运营商抓住用户，但也会导致运营商增量不增收，流量收入剪刀差加剧。三大运营商的ARPU（每个用户的平均月收入）整体下降。2018年中国移动手机ARPU值为53.1元，同比下降8%。2018年中国电信手机ARPU值为50.05元，同比下降8.3%。中国联通的手机ARPU值在2018年为45.7元，同比下降4.7%。

与此同时，推出的低资费不限量套餐，也让用户习惯了低资费，消费者不愿意掏钱。在5G时代，这一趋势将变得越来越明显。

因此，运营商必须改变他们的业务模式，从3G和4G时代基于流量的业务模式，到寻求5G时代新的业务模式。

目前，5G时代的商业模式最可能包括两类：基于流量模式和基于信息服务模式，如图

3-22 所示。基于流量模式仍然是 5G 时代运营商的重要盈利模式。在 5G 时代，数据量将呈现爆炸式增长。

5G时代新商业模式探索

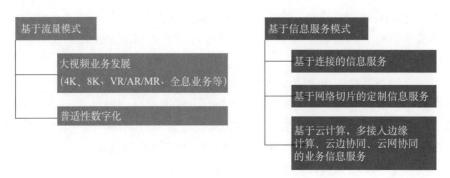

图 3-22 5G 新时代商业模式探索

一方面，大视频将在 5G 时代快速发展，4K、8K、VR/AR/MR、全息等多种技术的应用将加速，这是数据爆炸的原因。用户的消费习惯与从文本模式到视频模式的转换是一致的，4K、8K、VR/AR/MR、全息等服务将迅速普及。

另一方面，数据爆炸将来自这样一个事实，更多的物体将连接到 5G 网络，而不仅仅是人，无处不在的数字化将会诞生。例如，汽车上所有部件的信息将通过 5G 网络进行数字化和传输，未来每辆汽车每秒将产生超过 1GB 的数据。

然而，仅仅依靠数据量的爆发式增长所带来的流量模式是不足以支撑运营商在 5G 时代巨大的网络建设投资成本的。因此，经营者应积极探索基于信息服务的商业模式。信息服务未来可能有三种模式。

第一种模式提供基于连接的信息服务。运营商可以通过 5G 网络的全连通性特性，在人和物之间及物与物之间提供广泛的连接。以汽车行业为例，未来，所有汽车都可以通过 5G 网络与 V2V（车对车）、V2I（车对基础设施）、V2P（车对人）、V2N（车对网）进行通信。在道路两旁和道路上，各种基础设施，包括交通灯信号、智能灯杆、数字标牌等，也将被数字化和 5G 网联化。

第二种模式提供基于网络切片的自定义信息服务。运营商不再提供刚性管道，而是为不同的消费者和行业用户提供弹性管道。弹性管道的"弹性"体现在管道可以按需定制，即管道类型（大带宽，广泛联系，高可靠性和低延迟）和管道服务水平等都可以动态地分配，与此同时，5G 时代的弹性管道将涉及端到端（从移动终端到无线基站再到传输网络、核心网络、业务层均可）。Web 切片的使用使这一切成为可能。例如，可以为 VR 通信服务提供大带宽的网络切片，高可靠性和低延迟的网络切片可以用于远程控制服务、编队行驶业务等。

第三种模式提供基于云计算、多址边缘计算（MEC）、云边缘协作和云网络协作的业务信息服务。针对不同的消费者和行业用户，使用云、边缘云、云边缘协作和云网络协作来提供不同类型的业务应用服务。它将覆盖普通消费者、政府事务、制造业、交通运输、物流、教育、医疗、媒体、警务、旅游和环境保护的各个方面。

总体而言，除了流量模式外，运营商仍在积极探索新的业务模式。运营商已经错过了 3G 和 4G 互联网的两大红利，他们一定不想错过下一个大事件。

2. 挑战二：建设和运营投入巨大

在大多数情况下，5G 将先在城市地区建设，然后在郊区建设；先热点，再连片；先低频，后高频；先室外，后室内；先宏站，后小微基站模式。积极而谨慎的分布，在大多数情况下强调依赖 4G LTE 来降低网络成本和确保用户体验。

但即便如此，5G 建设的投资规模也是巨大的。除了宏大的基站投资，5G 的发展还涉及大量的小微基站、光传输、核心网、多址边缘计算等投入。据估计，中国的 5G 投资周期为 10 年，总投资额为 1.6 万亿元，如图 3-23 所示。

5G投资规模预测

年份	2019	2020	2021	2022	2023	2024	2025	2026	2027	2028
宏基站数（单位万）	10	60	100	100	100	30	60	40	40	20
投资额（单位亿人民币）	340	1800	2700	2600	2500	2200	1400	900	900	450

图 3-23　5G 投资规模预测

与此同时，5G 运营的投资也将是巨大的。5G 基站的功耗是 4G 基站的 2.5~4 倍（根据中国铁塔的数据，4G 基站的典型功耗是 1300W，而华为 5G 基站的功耗是 3500W，中兴的为 3225W，大唐的为 4940W）。此外，5G 基站的数量将会增加，尤其是小微基站的数量将会激增，站址费用也会越来越高，光纤的数量也会激增。

总的来说，2021 年将是运营商最具挑战性的一年。运营商们面临着在 2021 年之前找到 5G 新商业模式的压力，只有找到新的模式才有可能支撑起 5G 时代在建设和运营方面的巨额投资。

当然，政策支持对于促进中国 5G 产业的发展也是必不可少的。例如，减轻运营商的压力，引导通信行业从"提速降费"转向"提速提质"。同时，出台政策鼓励运营商、铁塔公司共同建设。

3. 挑战三：多路径技术选择

长期以来，运营商 5G 网络建设有着 NSA 和 SA 不同的技术路径选择。所谓 NSA 就是要在 4G 核心网络的基础上增加 5G 基站，让用户在 5G 终端上享受 5G 宽带服务。

采用 NSA，具有部署简单、启动快、投资少的优点，终端只需要支持宽带服务，生产制造相对容易。但由于 NSA 没有改变核心网络，因此它无法支持 5G 的三个特点：广泛的连通性、高可靠性和低延迟。只有 SA 使用真正的 5G 核心网络、基站和回程链路，才能真正满足大量行业客户的相关需求。

例如，汽车互联网应用的远程驾驶，虽然现在有很多的业务演示，但只是为了展示。为了真正做到开放道路的商业化程度，目前 NSA 的 5G 网络无法有效保障安全。

三家运营商在 5G 网络建设的前期都有明确的构想。电信和移动更喜欢 SA 独立的网络建设，而联通更喜欢 NSA。然而，电信和移动都调整了战略，将首先大规模部署 NSA 网络，而核心网络改造和网络切片技术的进展将会延迟。不过，中国移动的杨杰也说，从 2020 年 1 月 1 日开始，政府将不允许 NSA 手机接入互联网，并将全面过渡到 SA 网络。

总的来说，运营商现在对 NSA 和 SA 的通话线路有不同的计划。可以肯定的是，未来 NSA 网络和 SA 网络将长期共存，运营商将面临多频、多标准共存的复杂网络的挑战。NSA 和 SA 对比分析如图 3-24 所示。

NSA和SA对比分析

对比项目	SA vs NSA
标准进展	NAS早于SA半年时间
建设速度	NSA优
投资金额	SA需要独立组网形成连续覆盖,早期投资金额较高
性能体验	SA可以支持完整的5G能力(mMTC和RLLC),能提供更好用户体验
终端支持	eMBB NSA终端早于SA终端5~6个月时间
设备商选择	NSA只支持同厂家的5G互动,运营商选择设备商灵活性较小

图 3-24　NSA 和 SA 对比分析

4. 挑战四：供应链全球化依赖

5G 供应链的全球化趋势明显，主要涉及芯片供应链、智能手机供应链和基站供应链。

芯片供应链主要涉及"设计—设备—材料—制造—密封测试（OSAT）"等环节。中国企业主要从设计和密封测试两个方面进行努力。

部分中国专用芯片快速追赶，正在迈向世界第一阵营。其中包括以成本为导向的消费电子产品，如机顶盒芯片和显示器芯片，以及通信设备芯片，如核心路由器自主芯片。但高端智能手机、汽车、工业和其他嵌入式芯片市场，中国的差距仍然很大。而包括处理器和存储器在内的高端通用芯片与国外先进水平的差距甚至更大。

在智能手机供应链方面，芯片、内存、操作系统等行业制高点及射频前端、滤波器等仍然依赖于欧美、日本、韩国厂商。

在基站供应链中涉及的设备较多，对进口设备的依赖性较大，尤其是 FPGA、ADC&DAC 等。5G 基站关键器件进口依赖评估如图 3-25 所示。

5G基站关键器件进口依赖度评估

器件	进口依赖
结构件&散热等	低
阵子&滤波器&PCB	低
连接器	中
FPGA	高
DSP	高
ADC&DAC	高
PA/LNA	高

图 3-25　5G 基站关键器件进口依赖评估

第 4 章 5G网络架构

4.1 5G网络整体架构

4.1.1 整体架构

5G 的网络架构主要包括 5G 核心网 5GC 和 5G 接入网 NG-RAN，可以实现一张网络满足多样化的业务需求，如图 4-1 所示。

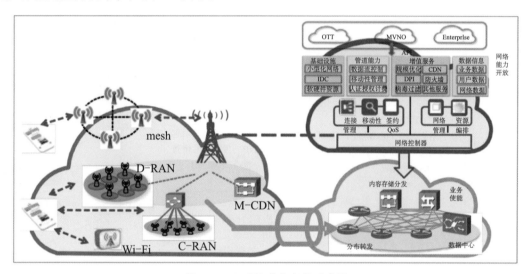

图 4-1　5G 网络整体架构示意图

5GC 可分为控制面和用户面，基于 NFV/SDN 技术，可以采用标准通用硬件来实现网络功能。NG-RAN 则采用 mesh 网络、CU/DU 分离、池化效应、边缘计算等技术来实现灵活接入。

4.1.2 5G架构选项的认识

为实现 5G 的应用，首先要由无线网络运营商对 5G 网络进行建设和部署，5G 网络的建设和部署主要考虑两个部分：核心网（Core Network）和无线接入网（Radio Access Network，RAN）。核心网主要为用户提供互联网接入服务和相应的管理功能等，无线接入网则主要由基站组成，为用户提供无线接入功能。

由于部署新的网络投资巨大且要分别部署这两部分，所以 3GPP（3rd Generation Partnership Project，一个标准化组织）提出了两种可选用的方式，分别是 SA（Standalone，独立组网）和 NSA（Non-Standalone，非独立组网）。独立组网指的是新建一个现有的网络，包括 5G 基站、回传链路及核心网；非独立组网指的是充分利用现有的 4G 基础设施，进行 5G 网络的部署，比如利用现有的 4G 核心网 EPC，或者利用现有的 4G 无线基站。

3GPP TSG-RAN 第 72 次大会中，按照独立组网和非独立组网的思路，共提出从 Option 1~Option 8，8 个选项的 5G 网络架构，供各个国家的运营商进行选择，如表 4-1 所示。其中，Option 3、Option 4、Option 7、Option 8 又有各自的细分选项。

表 4-1　8 个选项的 5G 网络架构

选项	描述	选项内细分	细分选项区别	示意图
Option 1	准4G网络LTE目前的部署方式，由LTE的核心网和基站组成	\	\	
Option 2	5G网络部署的最终目标，完全由5G基站gNodeB和5G核心网组成	\	\	
Option 3系列	保持LTE系统核心网不动，引入gNB，gNB和eNB都连接至EPC，以eNB为主基站	Option 3	所有的控制面信令都经由eNB转发，eNB将数据分流给gNB	
		Option 3a	所有的控制面信令都经由eNB转发，EPC将数据分流至gNB	
		Option 3x	所有的控制面信令都经由eNB转发，gNB可将数据分流至eNB	
Option 4系列	引入NGC和gNB，核心网采用5G的NGC，接入网gNB和eNB共存	Option 4	所有的控制面信令都经由gNB转发，gNB将数据分流给eNB	
		Option 4a	所有的控制面信令都经由gNB转发，NGC将数据分流至eNB	
Option 5	引入NGC，并实现LTE核心网功能，eNB连接至5G的核心网NGC	\	\	

选项	描述	选项内细分	细分选项区别	示意图
Option 6	保持LTE系统核心网不动，引入gNB	\	\	4G核心网 — 5G基站
Option 7系列	引入NGC和gNB，gNB和eNB都连接至5GC，以gNB为主基站	Option 7	所有的控制面信令都经由eNB转发，eNB将数据分流给gNB	5G核心网；4G增强型基站 — 5G基站
		Option 7a	所有的控制面信令都经由eNB转发，NGC将数据分流至gNB	5G核心网；4G增强型基站 — 5G基站
		Option 7x	所有的控制面信令都经由eNB转发，gNB可将数据分流至eNB	5G核心网；4G增强型基站 — 5G基站
Option 8系列	引入NGC和gNB，核心网采用4G的EPC，接入网gNB和eNB共存	Option 8	所有的控制面信令和用户面信息都经由gNB转发	4G核心网　5G核心网；4G基站 — 5G基站
		Option 8a	所有的控制面信令都经由gNB转发	4G核心网　5G核心网；4G基站 — 5G基站

4.1.3　5G架构的演进

上文提到，5G网络架构于3GPP TSG-RAN第72次大会中，提出8个选项，分为独立组网和非独立组网两组，其中5G网络架构的终极演进目标是Option 2的纯5G网络。现有的无线网络为LTE网络，即为Option 1"纯4G网络"，于是从Option 1到Option 2如何演进、其演进路线如何设计、其演进过程中的经济和技术方面都有哪些要求，就成了当前移动通信行业必须要认真思考的问题。

理解5G网络的演进路线之前，要先对5G网络架构的8种选项的方案进行一个总结和比较。5G网络架构的8种选项的比较如表4-2所示。

表 4-2　5G 网络架构的 8 种选项的比较

SA		NSA	
Option 1 忽略	Option 2 目标网络	Option 3 3、3a、3x	Option 4 4、4a
Option 5	Option 6 忽略	Option 7 7、7a、7x	Option 8 忽略

1. 可以忽略掉的方案

5G 网络的演进路线的目标中，首先会把 Option 1、Option 6、Option 8 忽略掉，这是因为：

（1）Option 1 早已在原有的 LTE 网络中实现，不需要再对它进行考虑了。

（2）Option 6 核心网的能力无法满足前端基站的需求，且没有必要继续升级原有的 4G 核心网，如图 4-2 所示。

（3）Option 8 和 Option 6 类似，核心网的能力不足，4G 基站的能力也较弱，是一种"两头低，中间高"的结构，经济效益比较差，如图 4-3 所示。

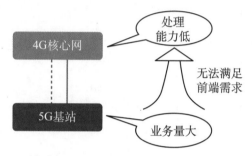

图 4-2　Option 6 的弊端

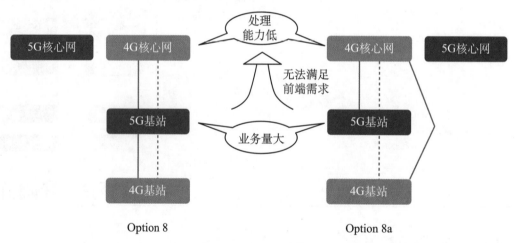

Option 8　　　　　　　　Option 8a

图 4-3　Option 8 的弊端

2. SA 的方案

Option 2 和 Option 5 是在把 SA 分组中的 4 个选项忽略掉两个之后剩下来的选项，可以说是 5G 网络演进后期的目标。

（1）Option 2。Option 2 的方案就是 5G 基站连接 5G 核心网。这种方案要先部署 5G 核心网，然后再部署 5G 基站，这是 5G 网络架构演进的终极形态。这种选项可以一步到位引入 5G 基站和 5G 核心网，不依赖于现有 4G 网络，演进路径最短，且支持 eMBB、uRLLC、mMTC 等场景下的所有应用。

然而，基于经济因素等原因，在 4G 向 5G 演进的初期，这个方案却不适合进行直接部署。以国内的运营商为例，目前中国移动、中国电信、中国联通均已部署了 LTE 网络，现网中存在大量 LTE 基站，此时直接采用 Option 2 方案的话，初期部署难以实现连续覆盖，会存在大量的 5G 与 4G 系统间的切换，用户体验不好，不仅投入大、见效慢，而且会造成原有 LTE 网络资源的浪费。

（2）Option 5。Option 5 的方案是增强型的 4G 基站连接 5G 核心网。这种方案也需要先部署 5G 核心网，并在 5G 核心网中实现 4G 核心网的功能，然后再将 LTE 基站升级成增强型的 4G 基站，并先使用增强型 4G 基站进行连续覆盖，随后再逐步部署 5G 基站。

对于 4G 基站的升级，可以采用软件升级或硬件升级的方式进行。这种方案相比起 Option 2，可以更大限度地利用原有的资源，节约投资。然而由于在网络前端采用的不是 5G 基站，其本质上还是一个 4G 网络，因此只能作为 5G 网络建设时的一种补充，用于临时覆盖 5G 网络的盲点及一些非重点地区。

对比 Option 2 和 Option 5，可以发现这两种方案均需要先建设 5G 核心网，初期部署成本相对较高，见效慢。

3. NSA 的方案

NSA 分组中，把 Option 8 忽略掉后，还剩下 Option 3、Option 4、Option 7 这三种方案。相比起 SA 的方案，NSA 的方案无论在投资、现有资源利用等方面均有较大的优势，但代价是增加了网络的复杂性。也就是说，为了达到省钱的目的，NSA 的网络要比 SA 的网络复杂得多。如 Option 3 下面就有 3 种选项，Option 4 下面有 2 种选项，Option 7 下面有 3 种选项。为了便于理解和区分，在深入了解 NSA 的方案之前，先解释以下三个相关的术语。

（1）双连接：顾名思义，就是手机能同时跟 4G 和 5G 都进行通信，能同时下载数据，一般情况下，会有一个主连接和从连接。

（2）控制面锚点：双连接中负责控制面的基站就叫作控制面锚点。

（3）分流控制点：用户的数据需要分到双连接的两条路径上独立传送，但是在哪里分流呢？这个分流的位置就叫分流控制点。

可以把双连接想象成两条运输货物的道路，控制面锚点就是控制道路红绿灯的调度中心，通过红绿灯可以对运输货物的车辆进行控制，而分流控制点就是两条道路的交叉点，如图 4-4 所示。

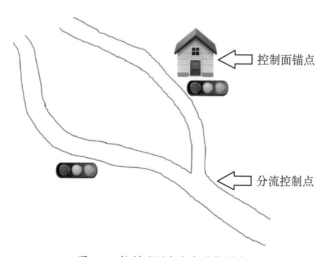

图 4-4　控制面锚点和分流控制点

接下来思考三个问题：

（1）基站连接 4G 的核心网还是 5G 的核心网？

（2）控制信令通过 4G 基站还是 5G 基站来实现？

（3）数据分流点在核心网、4G 基站还是 5G 基站？

非独立组网的 Option 3、Option 4、Option 7 及它们下面的细分选项就是对这 3 个问题的不同回答。也就是说，Option 3、Option 4、Option 7 这三种选项的主要区别就在于基站连接哪个核心网，控制信令通过谁来实现，数据分流点如何设置。

（1）Option 3。Option 3 系列的方案主要致力于在保持 4G 网络不变的前提下先进行 5G 基站的建设。该方案的基站连接的核心网是 4G 核心网，控制面锚点都在 4G，适用于 5G 部署的最初阶段，覆盖不连续，也没太多业务，纯粹是作为 4G 无线宽带的补充及 5G 网络的尝试而存在的。

Option 3 系列分为 Option 3、Option 3a 和 Option 3x，这 3 个选项的区分主要在于基站的连接和数据分流控制点的不同。Option 3 各细分选项的区别如图 4-5 所示。

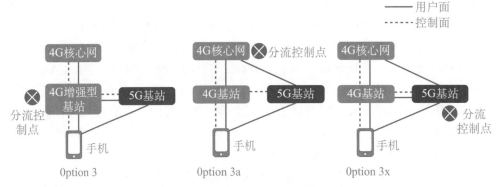

图 4-5 Option 3 各细分选项的区别

Option 3 主要使用的是 4G LTE 的核心网，以 4G 基站为主站，以 5G 基站为从站，由 4G 基站与核心网进行控制面命令传输。由于传统的 4G 基站处理数据的能力有限，需要对基站进行硬件升级改造，变成 4G 增强型基站。

由于部分 4G 基站建设、运行时间较久，设备较为老旧，维护成本逐年增加，运营商不愿意花资金进行大批量的基站改造，所以就想了另外两种演进思路：Option 3a 和 Option 3x。Option 3a 就是 5G 的用户面数据直接传输到 4G 核心网。而 Option 3x 是将用户面数据分为两个部分，将 4G 基站不能传输的部分数据使用 5G 基站进行传输，而剩下的数据仍然使用 4G 基站进行传输，两者的控制面命令仍然由 4G 基站进行传输。

在 Option 3、Option 3a、Option 3x 三个选项中，目前最受欢迎的是 Option 3x。对于 Option 3x 来说，利用了旧的 4G 基站，可以节省许多投资，且部署起来很快很方便，有利于迅速推入市场，抢占用户。而且 Option 3x 的分流控制点设置在 5G 基站，即首选通过 5G 基站来进行用户接入，只有当 5G 基站负荷较大，需要进行数据分流的时候，才通过 4G 基站来进行用户接入，优先照顾用户的 5G 使用体验，提升 5G 基站的使用率。

（2）Option 7。Option 7 系列的方案相比起 Option 3 系列的方案演进更进了一步，更加靠近终极目标 Option 2 了。该方案的基站连接的核心网是 5G 核心网，控制面锚点仍在 4G（增强型）基站，适用于 5G 部署的中期阶段，形成了较大的覆盖范围，覆盖较为连续，5G 的业务量也大大增加，此时 5G 网络已开始逐步取代 4G 网络。

Option 7 系列也分为 Option 7、Option 7a 和 Option 7x，这 3 个选项的区分主要也在于基站的连接和数据分流控制点的不同。

Option 7 系列的优势为对 5G 基站覆盖没有太高的要求，能够有效利用现有大规模 LTE 资源，支持 5G 基站和 4G 基站双连接，同时在引入 5G 核心网后，可以支持 5GC 新功能和新业务。其劣势为 4G 增强型基站是指通过硬件、软件升级改造连接到 5G 核心网的演进型 LTE 基站，可能会涉及数量众多的 LTE 基站的升级改造，并可能涉及硬件、软件的改造或替换（需提升容量及峰值速率、降低时延，并需要升级协议栈、支持 5G QoS 等），且产业成熟时间可能会相对较晚；新建 5G NR 可能需要与升级的 eLTE 设备厂商绑定。Option 7 各细分选项的区别如图 4-6 所示。

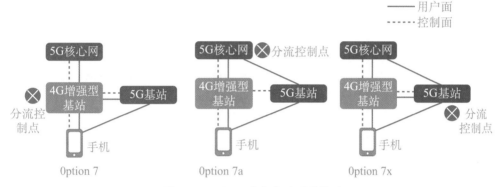

图 4-6 Option 7 各细分选项的区别

（3）Option 4。Option 4 系列方案的基站连接的核心网是 5G 核心网，控制面锚点也为 5G 基站，适用于 5G 部署的中后期阶段，已形成了连续覆盖，覆盖较为连续，5G 基站作为主站，4G 基站作为从站。

Option 4 系列分为 Option 4 和 Option 4a，这 2 个选项的区分主要也在于基站的连接和数据分流控制点的不同。Option 4 各细分选项的区别如图 4-7 所示。

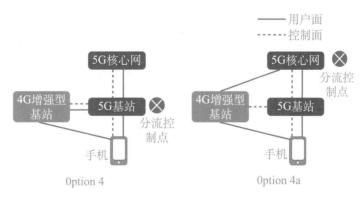

图 4-7 Option 4 各细分选项的区别

Option 4 系列方案的优势为支持 5G NR 和 LTE 双连接，带来流量增益；引入 5G 核心网，支持 5G 新功能和新业务。其劣势为 eLTE 涉及现网 LTE 无线的改造量较大，且产业成熟时间可能会相对较晚；新建 5G NR 可能需要与升级的 eLTE 设备厂商绑定。

4. 5G 架构演进方案

目前运营商的 LTE 网络部署均非常成熟，要想从 LTE 系统升级至 5G 系统并同时保证良好的覆盖、移动性和切换等能力非常困难。为了加快 5G 网络的部署进程同时降低 5G 网络初期的部署成本，各个运营商需要根据自身网络的特点，制定相应的演进计划。演进计划都是从 Option 1（纯 4G 网络）开始的，终极目标是 5G 的全覆盖（Option 2）。各个运营商的演进计划各有不同，如表 4-3 所示。

表 4-3 演进计划

序号	演进路线
1	Option 1 → Option 2 + Option 5 → Option 4/4a → Option 2
2	Option 1 → Option 2 + Option 5 → Option 2
3	Option 1 → Option 3/3a/3x → Option 4/4a → Option 2
4	Option 1 → Option 7/7a → Option 2
5	Option 1 → Option 3/3a/3x → Option 1 + Option 2 + Option 7/7a → Option 2 + Option 5
6	Option 1 → Option 3x → Option 7x → Option 4 → Option 2

以上演进计划的路线演绎了如何从 4G 网络经由 NSA 到达真正的 5G 网络的过程，当然，从世界范围来讲，5G 网络的演进路线也不局限于上述这 6 种形态。不同的运营商由于其无线网络的现状不同，或是其建设投资的规模不同，或是其战略思想的不同，其 5G 网络的演进路线也会不同。

这里以上面所述的第六条演进路线为例，进行解析。

（1）第一步 Option 1 → Option 3x：在现有 4G 网络的基础上，零星采用热点的方式，在人流密集的商场、综合体建设 5G 基站，此时只需要对现有的 4G 核心网络及相关的 4G 基站进行软件升级，即可满足 5G 基站的接入。在数据处理方面，将 5G 基站作为数据分流控制点，5G 基站范围内的用户数据优先从 5G 基站接入，让 5G 用户可以提前享受到 5G 网络带来的高速率体验。可达到前期节约投资、逐步培养用户群、抢占 5G 业务市场的目的。

（2）第二步 Option 3x → Option 7x：5G 核心网的建设在形成能力后，将 4G 基站的用户面和控制面逐步从 4G 核心网移交到 5G 核心网下，此时仍将 4G 基站作为控制面锚点，将 5G 基站作为分流控制点。将 5G 基站作为分流控制点是为了让在基站范围内的用户优先接入 5G 网络；而将 4G 基站作为控制面锚点是因为此阶段的 5G 基站仍无法实现大范围的连续覆盖，一旦用户离开 5G 信号的覆盖范围，还需要通过 4G 基站来实现用户手机网络的切换，避免业务中断的产生，可最大限度地达到 5G 用户体验和保障用户业务连接的目的。

（3）第三步 Option 7x → Option 4：随着 5G 基站的持续建设，5G 基站覆盖范围的逐步变广，当 5G 基站信号覆盖区域能够实现无缝连接的时候，就不需要担心出现控制面信令传输失败的现象。此时可以将控制面锚点和分流控制点都放到 5G 基站上来，并将原有的 4G 基站升级成增强型 4G 基站。由于这一步需要对原有的 4G 基站进行升级，会增加额外的成本，所以运营商可能会根据 5G 业务的推广状况来进行技术方案的取舍，比如跳过这一步，直接进入到 Option 2。

总的来说，运营商对于演进路线的选择可以是非常灵活的，甚至可能会出现不同地区采用的演进路线不同的情况。在 4G 网络经由 NSA 到达真正的 5G 网络的过程中，会在一段时间内呈现 4G 基站和 5G 基站共存、双方的覆盖区域狼牙交错、业务划分也五花八门的情况。这对网络规划、网络建设、网络优化等岗位的工作者是一个非常大的挑战。

4.2　5G核心网

4.2.1　3GPP参考架构

2018 年 6 月 14 日，3GPP 全会（TSG#80）批准了第五代移动通信技术标准（5G NR）独立组网功能冻结。这意味着 5G NR 具备了独立部署的能力，也带来了全新的端到端新架构，5G 正式可以进入到商用阶段。

为了支撑 5G 时代的多业务场景，需要构建一个更灵活、更开放的核心网络架构，能快速响应新的需求，能以较小的成本进行快速部署或变更，并提供高效、灵活的管理能力。因此，必须要克服原有核心网络的一些弊端。

1. 弊端一：网元功能强耦合

3GPP 协议定义的 EPC 网元功能组合复杂，网络功能同网元强耦合，而且存在功能重叠，所有不同的业务共用同一套逻辑控制功能，无法做到为某一种特定的业务类型定制控制功能组合。众多控制功能间的强耦合性及接口的复杂性导致网络缺乏必要的灵活性。

2. 弊端二：协议定义趋固化

EPC 的网络协议基于严格、固定的接口消息格式定义，某些网络协议的传输和编解码开销相对较大。业务的上线周期比较长，这将限制网络和新业务的快速创新能力。而为满足对各类业务的快速组网定义和灵活部署，急需网络定义更新、更灵活、更轻量化的网络协议，以实现新业务的部署商用，进而通过网络创造更多的价值。

3. 弊端三：网络拓扑过于复杂

现有 EPC 网络随着运营商网络的不断发展和迭代，网元和接口功能的复杂度逐步随着接口数量的增加而增加：从 2G 到 3G，再到 LTE 网络，每发展一代网络，增加一个新网元，就必须考虑引入该网元的接口，以及新网络和旧网络的兼容问题，往往一个网元和接口的引入会影响到其他多个现有网元和接口，并进一步影响到后期的端到端的网络维护。传统的"点到点"架构下的固有的连接模式导致后续新网元和新功能的引入容易造成"牵一发而动全身"的问题。在后续功能增强的过程中，一个消息参数的修改需要考虑整个信令流程的兼容性，导致前向演进的复杂度会随着新版本的产生而增加。

4. 弊端四：网络运维不智能

原有移动网络的大量运维活动仍然依赖人工参与，自动化程度较低。例如通过人工来打通不同环节，操作部门需要在 EMS 对设备进行维护，维护模式是针对逐个网元设备的，并且需要理解大量设备相关信息，操作效率很低。在 5G 时代，对网络自动化提出了极大的需求，根据需要可以自动定义组网结构、自动部署、灵活扩充。并且，同一张网络中可以存在若干个网络切片，每一个网络切片都将拥有特定的拓扑结构、网络功能及资源分配模型，如果像当前的网络运维一样大量依赖人工的方式对网络进行设计和部署，将对运营商的运维系统带来极大的挑战。

5.弊端五：网络功能不开放

国内外运营商都希望开放网络能力以提供更多增值服务，但至今能力开放的商业成果仍不能满足运营商日益迫切的转型需求。导致这种结果的原因，除了商业模型限制外，还有本身网络架构的局限性。3GPP前期网络架构在设计的过程中并没有考虑能力开放，虽然通过网元修改也能够实现部分网络能力开放，但无法满足电信级API快速创新需求。普通的Web API创新周期为几小时或者几天，而由于网络架构的限制，电信级API创新周期往往需要数月甚至更长的时间，严重阻碍了网络能力开放的发展。

为了克服上述弊端，3GPP提出了一个全新的核心网参考模型，如图4-8所示。

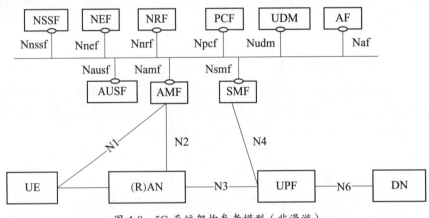

图 4-8　5G 系统架构参考模型（非漫游）

图 4-8 所示的是非漫游时的 5G 系统架构参考模型，采用的是基于业务接口（Service-based）的表现形式，也叫 SBA 架构。图中的 Nxxx 就是基于业务的接口。另外还有一种基于参考点（Reference Point）的表示形式，如图 4-9 所示，基于参考点的形式才是目前通信中最常见的形式（传统的点到点架构）。

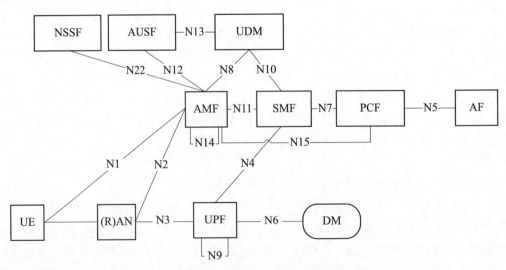

图 4-9　5G 系统基于参考点的参考模型

3GPP 定义的 5G 核心网网元的功能和 EPC 网元功能的对比如表 4-4 所示。

表 4-4　5G 核心网网元功能和 EPC 网元功能的对比

5G网络功能	中文名称	功能类似的4G核心网元
AMF	接入和移动性管理	MME中NAS接入控制功能
SMF	会话管理	MME、SGW-C、PGW-C的会话管理功能
UPF	用户平面功能	SGW-U+PGW-U用户平面功能
UDM	统一数据管理	HSS、SPR等
PCF	策略控制功能	PCRF
AUSF	认证服务器功能	HSS中鉴权功能
NEF	网络能力开放	SCEF
NSSF	网络切片选择功能	5G新增，用于网络切片选择
NRF	网络注册功能	5G新增，类似增强DNS功能

网络功能的功能描述具体如下。

（1）（R）AN：接入网，可以是 3GPP 的接入网（如 LTE、5G-NR），也可以是 non-3GPP 的接入网（如常见的 WiFi 接入）。如果以最常见的手机上网的情景来说的话，这个（R）AN 节点就是基站。

（2）AMF：接入和移动性管理功能实体。在 AMF 的单个实例中可以支持部分或全部 AMF 功能，负责的主要功能有：

①它是 RAN 信令接口（N2）的终结点和 NAS（N1）信令（MM 消息）的终结点。

②负责 NAS 消息的加密和完整性保护、负责注册、接入连接、移动性管理、合法拦截、接入身份验证（鉴权）、透传短信等。

③在和 EPS 网络交互时还负责 EPS 承载 ID 的分配。

除了上述功能之外，AMF 还可以支持非 3GPP 系统接入网络的一些功能及一些策略相关功能。AMF 可以类比于 4G 的 MME 实体，是核心网中最核心的功能实体。

（3）SMF：会话管理功能实体。在 SMF 的单个实例中可以支持部分或全部 SMF 功能，负责的主要功能有：

①会话管理，例如，会话建立、修改和释放，包括 UPF 和 AN 节点之间的接口维护。

②UEIP 地址分配和管理（包括可选的授权）。可以从 UPF 或从外部数据网络接收 UEIP 地址。

③用户面功能的选择和控制，包括控制 UPF 以代理 ARP 或 IPv6 邻居发现，或将所有 ARP/IPv6 邻居请求通信转发到 SMF，以进行以太网 PDU 会话。

④在 UPF 上配置流量控制，以将流量路由到正确的目的地。

⑤终止与策略控制功能的接口。

⑥合法拦截。

⑦计费数据收集和计费接口支持。

⑧UPF 计费数据收集的控制和协调。

⑨NAS 消息的 SM 部分的终止。

⑩下行数据通知。

⑪支持头压缩等。

（4）UPF：用户面功能实体。在 UPF 的单个实例中可以支持部分或全部 UPF 功能，负责的主要功能有：

①最主要的功能是负责数据包的路由转发。

②数据包检查。

③策略规则实施的用户平面部分。

④用户平面的 QoS 处理及 QoS 流映射。

⑤上行和下行中的传输级别数据包标记。

⑥发送和转发一个或多个"结束标记"到源 NG-RAN 节点等。

（5）PCF：策略控制功能实体。负责的主要功能有：

①支持统一的策略框架去管理网络行为，为控制平面功能提供策略规则并强制执行。

②访问与统一数据存储库（UDR）中的策略相关的用户信息。

PCF 只能访问位于与 PCF 相同的 PLMN 中的 UDR。

（6）NEF：网络开放功能实体。负责的主要功能有：

① 3GPP 的网元都是通过 NEF 将其能力公开给其他网元的，NEF 可以安全地公开 NF 功能和事件。

② NEF 使用统一数据存储库（UDR）的标准化接口（Nudr）将信息作为结构化数据存储/检索，NEF 只能访问和其相同 PLMN 的 NDR。

③ NEF 提供相应的安全保障来保证外部应用到 3GPP 网络的安全。

④ 3GPP 内部和外部相关信息的翻译，它在与 AF 交换的信息和与内部网络功能交换的信息之间进行转换，例如 AF-Service-Identifier 和 5G 核心网内部的 DNN、S-NSSAI 等的转换，可根据网络策略处理对外部 AF 的网络和用户敏感信息的屏蔽。

⑤ NEF 还可以支持 PFD 功能，NEF 中的 PFD 功能可以在 UDR 中存储和检索 PFD，并应 SMF（拉模式）的请求或 SMF 的请求向 SMF 提供 PFD。

（7）NRF：网络储存功能实体。负责的主要功能有：

①支持业务发现功能，能从 NF 实例或 SCP 接收 NF 发现请求，并将发现的 NF 实例（被发现）的信息提供给 NF 实例或 SCP。

②支持 P-CSCF 发现（通过 SMF 进行 AF 发现的特殊情况）。

③维护可用 NF 实例及其支持的服务的 NF 配置文件。

④向用户的 NF 服务使用者或 SCP 通知新注册/更新/注销的 NF 实例及其 NF 服务。

⑤维护可用网元实例的特征和其支持的业务能力。

⑥一个网元的特征参数主要有网元实例 ID、网元类型、PLMN、网络分片的相关 ID（如 S-NSSAI、NSIID）、网元的 IP 或者域名、网元的能力信息、支持的业务能力名字等。

（8）UDM：统一数据管理。负责的主要功能有：

①生成 3GPP 鉴权证书/鉴权参数。

②用户识别处理。

③基于用户数据的接入授权。

④ UE 的服务 NF 注册管理。

⑤支持服务/会话连续性，例如通过保持 SMF/DNN 分配正在进行的会话。

⑥用户管理。

⑦短信管理。

（9）AUSF：鉴权服务器网元。负责的主要功能有：

①支持 3GPP 接入和不受信任的非 3GPP 接入的认证。

②支持指定的特定于网络切片的身份验证和授权。

（10）UDR：统一数据仓库。支持以下功能：

①通过 UDM 存储和检索用户数据。

②由 PCF 存储和检索策略数据。

③存储和检索用于开放的结构化数据。

④ NEF，应用数据（包括用于应用检测的分组流描述（PFD），用于多个 UE 的 AF 请求信息）。UDR 和访问其的 NF 具有相同的 PLMN，也就是同一个网络下，也即 Nudr 接口是一个 PLMN 内部接口。

（11）NSSF：网络切片选择功能。支持以下功能：

①选择为 UE 提供服务的网络切片实例集。

②确定允许的 NSSAI，并在必要时确定到用户的 S-NSSAI 的映射。

③确定已配置的 NSSAI，并在需要时确定到已用户的 S-NSSAI 的映射。

④确定 AMF 集用于服务 UE，或者，基于配置，可能通过查询 NRF 来确定候选 AMF 列表。

（12）AF：应用功能。与 3GPP 核心网络交互以提供服务，支持以下功能：

①应用流程对流量路由的影响。

②访问网络开放功能。

③与控制策略框架互动。基于运营商部署，可以允许运营商信任的应用功能直接与相关网络功能交互。

（13）DN：数据网络。5G 网络外部的数据网络，如 Internet。

在面向业务的 5G 网络架构中，可以将现有网络侧的控制面功能进行融合和统一，同时将控制面功能分解成为多个独立的网络服务，这些独立的网络服务可以根据业务需求进行灵活的组合。每个网络服务和其他服务在业务功能上解耦，并且对外提供统一类型的服务化接口，向其他调用者提供服务，将多个耦合接口转变为单一服务接口，可以有效减少接口数量，并统一服务调用方式，进而提升网络的灵活性。

在网络功能服务化的应用中，所有的服务调用、交互过程均在服务管理框架内进行，5G 服务化网络在控制面和转发面分离的情况下，进一步对控制面网元进行了"总线式"连接，所谓的"总线"在实际部署中是一台或几台路由器，与目前的 4G 网络中 DRA 不同的是，DRA 本身能感知上层协议，如用户的号段、签约信息等 3GPP 层消息，并基于这些信息进行消息的转发，但 5G 服务化网络中的控制面"总线"只进行基于路由器 3/4 层协议的转发，而不会感知上层的协议。

服务控制器提供网络服务功能的注册、发现、授权、更新、监控等管理功能，其本身也是网络服务的一种，对应 5GC 标准网元 NRF（Network Repository Function）。服务功能相互独立的特性确保了在新增或升级业务功能的过程中现有的网络服务不受影响，只需要服务控制器针对单个服务进行相应的更新即可。相比现有的紧耦合网络控制功能，服务化的控制面架构通过服务的灵活编排大大简化了新业务的拓展及上线流程，为 5G 网络业务的发展打下了基础。NRF 是 5G 网络能力开放的重要组成部分，也是区别于 4G 网络能力开放的显著标志。NRF 的引入意味着运营商进一步开放深层次网络能力具有了可行性，通过其提供的功能，第三方可以间接地通过 NRF 提供的服务注册、发现、授权操作获得运营商内部其他网元提供的服务。

4.2.2　网络功能虚拟化NFV

1. 网络功能虚拟化的概念

NFV（Network Functions Virtualization）即网络功能虚拟化，将各种类型的网络设备，如服务器、交换机、磁盘阵列，构建成为一个 DCN 网，通过借用 IT 的虚拟化技术形成 VM（Virtual Machine，虚拟机），然后将传统的 CT 业务部署到 VM 上。

在 NFV 出现之前，设备的专业化很突出，具体设备都有其专门的功能实现，如 MSC、HLR、MME、S-GW 等核心层设备，只能实现特定的功能，意味着既不能把 MSC 当作 MME 使用，也不能把 HLR 当作 S-GW 使用。这使得一些利用率不高的核心层设备，占用了运营商的投资，占用了机房、网络的资源，但却没有贡献很多的计算能力。

在 NFV 出现之后，可将设备的控制平面与具体设备进行分离，不同设备的控制平面基于虚拟机，虚拟机基于云操作系统，这样当通信运营商需要部署新业务时只需要在开放的虚拟机平台上创建相应的虚拟机，然后在虚拟机上安装相应功能的软件包即可。这种方式就叫作网络功能虚拟化。

2. NFV 技术概述

要想充分了解 NFV 技术能给无线通信带来什么好处，可以先从 20 世纪 90 年代风靡全球的几种游戏说起，它们分别是街机、红白机、GBA 和 PS 游戏机。

在图 4-10 所示的各种游戏中，其软件指的就是各种各样的游戏卡带、光碟，其硬件指的就是不同的游戏机。一个特定的软件，是必须要在专门的硬件平台上才能运行的。在这种架构下，当人们想玩街机游戏的时候，就必须配齐街机游戏卡带和街机游戏机；当人们想玩红白机的时候，也必须配齐卡带和游戏机。想玩不同种类的游戏，就必须到不同的平台上去玩，这就导致了玩游戏（即功能实现）成本高，换个游戏玩（即功能改变）却发现不灵活，想玩最新的游戏（即增加新功能）部署慢等缺点。

到了 21 世纪，随着个人计算机设备的普及，以及计算机软、硬件功能的增强，出现了使用游戏模拟器在计算机上玩各种平台游戏的情况（这里姑且只讨论技术的实现，不讨论版权问题）。

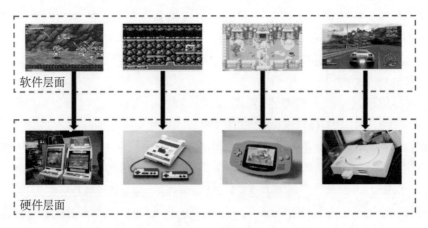

图 4-10　20 世纪 90 年代的几种游戏机

在图 4-11 所示的这种架构下,可以很容易克服街机、红白机、GBA 和 PS 游戏机时代的一些缺点。首先是降低了成本,想玩不同游戏的时候,不需要再去购买不同的硬件平台,只需要在同一个硬件中安装不同的游戏模拟器,再加载各种游戏软件就可以实现了;其次是实现灵活,随时可以换着游戏玩,只需要在虚拟化层上改变运行的模拟器,在软件层上改变加载的软件即可;最后是部署快,省去必须同时部署软硬件的痛苦,同样只需在虚拟化层及软件层做出更改即可。

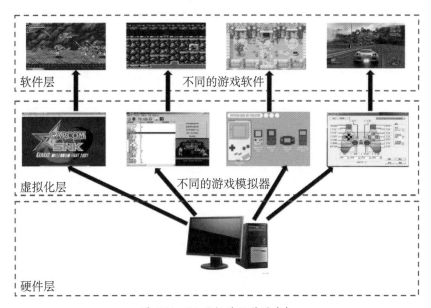

图 4-11 21 世纪的几种游戏机

实际上,成本高、不灵活、部署慢正是运营商的无线核心网络当前遇到的问题,目前解决这些问题的思路,正是网络功能虚拟化 NFV。

NFV 将网络功能通过软件来实现,旨在利用虚拟化技术,通过软件实现各种网络功能并运行在通用的服务器(如 x86 架构服务器)上,降低昂贵的网络设备成本,实现软硬件解耦及功能抽象,使网络设备功能不再依赖于专用硬件,资源可以充分灵活共享,并基于实际业务需求进行自动部署、弹性伸缩、故障隔离和自愈等。

3. NFV 分层框架

NFV 的框架是一个三层的结构,由基础设施层(NFV Infrastructure,NFVI)、虚拟层(Virtualization Layer,VL)、虚拟网络功能实现层(Virtual Network Function,VNF)组成,其中:

(1)基础设施层(NFV Infrastructure,NFVI)是最下面的物理资源,包括交换机、路由器、计算服务器、存储设备等。

(2)虚拟层(Virtualization Layer,VL)对应的是目前的各个电信业务网络,主要完成对硬件资源的抽象,形成虚拟资源。

(3)虚拟网络功能实现层(Virtual Network Function,VNF)是网络功能的软件实现,可由一个或多个虚拟机组成。

4. NFV标准架构

一个NFV的标准架构（见图4-12）包括NFV基础设施（NFV Infrastructure，NFVI）、NFV管理编排（Management and Orchestration，MANO）和虚拟网络功能（VNFs），三者是标准架构中顶级的概念实体。

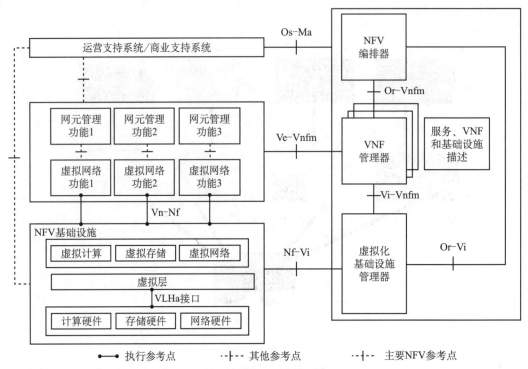

图4-12　NFV标准构架

从图4-12可以看出，三个顶级概念实体下面又划分成若干个二级实体。下面对三个顶级实体及其包含的二级实体进行描述。

（1）NFV基础设施（NFV Infrastructure，NFVI）。NFV基础设施是承载VNF（虚拟化的网络功能）的基础，其核心在于利用标准化的虚拟化技术来支持多用户，从而为不同类型的虚拟网元按需提供资源支持。它承担着计算、存储和内外部互连互通任务的实体，是一种通用的虚拟化层，所有虚拟资源应该是在一个统一共享的资源池中的，不应该受制于或者特殊对待某些运行其上的VNF。它包括硬件资源、虚拟化层及其上的虚拟资源。其中：

①硬件资源：包含计算、存储、网络三部分硬件资源，是承担着计算、存储和内外部互连互通任务的设备。计算资源一般指的是通用的计算服务器，存储资源可以是网络存储或单独的存储服务器，网络资源一般指商用的通用交换机和路由器等。

②虚拟化层：通过虚拟化技术将硬件资源进行抽象，转化为虚拟资源，保证上层虚拟化网络功能的运行环境。虚拟化层是把上层虚拟化网络功能和底层硬件资源连接起来的关键，可以由VM（虚拟机）来实现。

③虚拟资源：包含虚拟计算、虚拟存储、虚拟网络三部分资源，是硬件资源的抽象，是面向VNF（虚拟网络功能）的计算、存储、网络能力。一个虚拟计算资源可以对应一个或多个计算硬件资源，虚拟存储和虚拟网络也是同理的。

（2）虚拟网络功能（VNFs）。这是虚拟化的网络功能，通过从虚拟层提供的API（应用程序编程接口），获取虚拟计算、虚拟存储和虚拟网络等资源。一个网络功能可以由多个组件来完成，可以部署于多个虚拟机之上，每个虚拟机实现其中一个组件。

这里值得一提的是，网络功能具体指的是什么？它可以是 EPC 的如 SGW/PGW/MME 等网元的功能，或者是防火墙 / 负载均衡器的功能，甚至可以说是企业 / 家庭网关的功能。凡是计算机处理量比较大的功能节点，可以采用 VNF 来完成。如果是一个纯粹的不需要管理的交换机，本身控制面非常简单，就不需要舍近求远地通过 VNF 来实现。

网元管理功能（Element Management，EM）是 VNFs 的二级功能实体，主要完成传统的网元管理功能及虚拟化环境下的新增管理功能，类似于通用硬件当中的网管。

（3）NFV 管理编排（NFV Management and Orchestration，NFV MANO）。NFV 管理编排提供了 NFV 的整体管理和编排，向上接入 OSS/BSS，各个 VNF、硬件资源及其他各类资源。只有在合理编排下，在正确的时间做正确的事情，整个系统才能发挥应有的作用。它由 NFVO（NFV Orchestrator）网络功能虚拟化编排器、VNFM（VNF Manager）虚拟化网络功能管理器及 VIM（Virtualised Infrastructure Manager）虚拟化基础设施管理器三者共同组成。

① VIM（虚拟化基础设施管理器）：NFVI 被 VIM 管理，VIM 控制着 VNF 的虚拟资源分配，如虚拟计算、虚拟存储和虚拟网络。Openstack 和 VMWare 都可以作为 VIM，前者是开源的，后者是商业的。

② VNFM（虚拟化网络功能管理器）：管理 VNF 的生命周期，如上线、下线，进行状态监控、Image Onboard。VNFM 基于 VNFD（VNF 描述）来管理 VNF。

③ NFVO（网络功能虚拟化编排器）：用以管理 NS（Network Service，网络业务）生命周期，并协调 NS 生命周期的管理、协调 VNF 生命周期的管理（需要得到 VNF 管理器 VNFM 的支持）、协调 NFVI 各类资源的管理（需要得到虚拟化基础设施管理器 VIM 的支持），以此确保所需各类资源与连接的优化配置。NFVO 基于 NSD（网络服务描述）运行，NSD 中包含 Service Chain、NFV 及 Performance Goal 等。

4.2.3　软件定义网络SDN

1. 软件定义网络的概念

软件定义网络（Software Defined Network，SDN）是由美国斯坦福大学 Clean State 课题研究组提出的一种新型网络创新架构，是网络虚拟化的一种实现方式。其基本原理是将控制面和数据面（也称为基础设施层和用户面）分离，将网络智能的逻辑集中化，以及将物理网络通过标准接口从应用和服务中抽象出来。网络控制集中到控制层，而网络设备则分布在基础设施层中，从而实现了网络流量的灵活控制，使网络作为管道变得更加智能，为核心网及应用创新提供了良好的平台。

为了更好地了解软件定义网络的核心思想，下面以真人足球比赛和足球比赛计算机游戏的对比来作为例子进一步说明。

在真人足球比赛（见图 4-13）中，往往教练会在赛前把战术布置到每个足球队员身上，但在比赛开始后，场上球员对于每一球的处理，或停球，或带球，或传球，或射门，都是基于球员的自行判断，教练此时就无法替代球员去进行思考了。

图 4-13　真人足球比赛

　　如果此时教练想进行战术调整，那就得等到中场结束，或者把新的战术布置告诉离得最近的球员，再由球员之间相互传话来进行传达。而当需要进行换人的时候，替补球员上场前不仅要热身，上场后还需要和队友进行沟通，才能把教练换人的意图传达给其他球员。

　　这个弊端在足球比赛计算机游戏中就不会出现，大家都知道，计算机游戏里的球员角色均是由玩家进行控制的。玩家除了可以控制球员的带球线路，还可以随时进行战术策略的布置，在球队换人时，也无须等待球员热身，不必担心换上的球员和其他球员有沟通上的问题。

　　在这个例子里，真人足球比赛中的球队就好比传统的数据网络，在传统的数据网络中，每个节点都有控制面和数据面，节点通过控制面与其他节点交换网络信息。传统网络的节点新增如图 4-14 所示。在 E 网络获知一个新的网络，即 Z 节点的时候，它需要将这一信息告诉给网络中的其他节点。然而，节点 E 只和节点 C 和 F 直接相连，节点 E 通过链路状态通告（Link State Advertisements，LSAs）通知节点 C 和 F，C 和 F 再将信息传递给它们的邻近节点，最终该消息传达到整个网络。这样，网络内每个节点都会更新自己的路由表，以确保数据可以传送到网络 Z。

　　节点移除及链路中断时网络的 LSAs 的通知机制和新增节点相同，都需要通过一个个相邻节点像火炬传递一样进行通知，不仅控制消息的处理时间较长，而且存在数据堆积的风险，这可能需要花一些时间来向整个网络传送网络状态更新信息和完成纠错。

　　为了解决上述问题，软件定义网络（SDN）将控制面从网络节点中剥离出来，将网络控制面整合于一体。这样，网络控制面对网络数据面就有一个宏观的全面的视野。路由协议交换、路由表生成等路由功能均在统一的控制面完成。在软件定义网络中，当新发现一个网络节点 Z 时，由统一的控制面快速地为每一个转发节点创建新的路由表，使得网络内的所有节点能在最快的时间内"知道"网络的改变。节点移除及链路中断等情况也按此机制，由统一的控制面进行处理。SDN 网络的节点新增如图 4-15 所示。

　　2. 软件定义网络的架构

　　SDN 网络是一个三层模型的体系架构，由应用层、控制层、转发层（也叫基础设施层或数据层）组成，三个层级之间的两个接口叫南向接口和北向接口，如图 4-16 所示。

　　（1）应用层。这一层主要是体现用户意图的各种上层应用程序，由若干 SDN 应用组

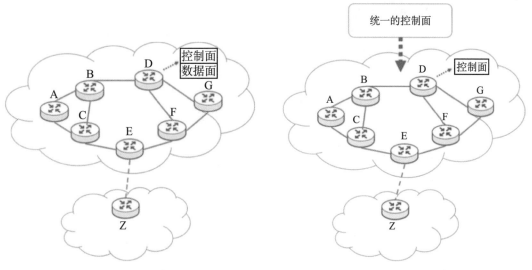

图 4-14 传统网络的节点新增　　　　图 4-15 SDN 网络的节点新增

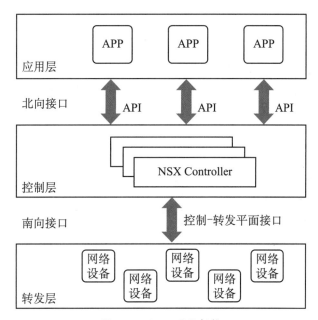

图 4-16 SDN 网络架构

成，此类应用程序称为协同层应用程序，是用户关注的应用程序。典型的应用包括 OSS（Operation Support System 运营支撑系统）、Openstack 等。它可以通过北向接口与 SDN 控制器进行交互，即这些应用能够通过可编程方式把需要请求的网络行为提交给控制器。一个 SDN 应用可以包含多个北向接口驱动（使用多种不同的北向 API），同时 SDN 应用也可以对本身的功能进行抽象、封装来对外提供北向代理接口，封装后的接口就形成了更为高级的北向接口。

传统的 IP 网络同样具有转发平面、控制平面和管理平面，SDN 网络架构也同样包含这 3 个平面，只是传统的 IP 网络是分布式控制的，而在 SDN 网络架构下是集中控制的。

（2）控制层。控制层是系统的控制中心，负责网络的内部交换路径和边界业务路由的生成，并负责处理网络状态变化事件。

控制层中有一个 SDN 架构中最核心的东西，即 SDN 控制器。SDN 控制器是一个逻辑上集中的实体，它主要负责两个任务：一是将 SDN 应用层请求转换到 SDN 数据通道，二是为 SDN 应用提供底层网络的抽象模型（可以是状态、事件）。一个 SDN 控制器包含北向接口代理、SDN 控制逻辑及控制数据平面接口驱动三部分。SDN 控制器的要求是逻辑上完整，物理上可以分离，因此它可以由多个控制器实例组成，也可以是层级式的控制器集群；从地理位置上讲，可以是所有控制器实例在同一位置，也可以是多个实例分散在不同的位置。

（3）转发层。转发层主要由转发器和连接器的线路构成基础转发网络，这一层负责执行用户数据的转发，转发过程中所需要的转发表项是由控制层生成的。

转发层由若干网元组成，转发层的网元可以是交换机、路由器、网关设备、防火墙或其他设备，每个网元可以包含一个或多个 SDN 数据路径。每个 SDN 数据路径是一个逻辑上的网络设备，它没有控制能力，只是单纯用来转发和处理数据的，它在逻辑上代表全部或部分的物理资源。一个 SDN 数据路径包含控制数据平面接口代理、转发引擎表和处理功能三部分。

（4）北向接口。应用层和控制层通信的接口，应用层通过控制开放的 API，控制设备转发功能。它主要负责提供抽象的网络视图，并使应用能直接控制网络的行为，其中包含从不同层对网络及功能进行的抽象，这个接口也应该是一个开放的、与厂商无关的接口。

（5）南向接口。控制层和转发层通信的接口，控制器通过 Open Flow 或其他协议下发流表。它提供的主要功能包括：对所有的转发行为进行控制、设备性能查询、统计报告、事件通知。它是一个开放的、与厂商无关的接口。

3. SDN 在 5G 中的应用场景

SDN 在 5G 网络中主要应用在核心网上面，我们先来回顾一下 5G 网络的核心网如图 4-17 所示。

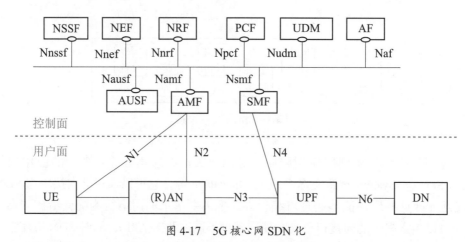

图 4-17　5G 核心网 SDN 化

从图中可以看出，5G 网络的核心网采用了 SDN 的理念，将控制面和用户面（数据面）分离，其用户面为 UPF 网络功能。对 5G 网络来说，核心网的 SDN 化可以带来很多好处：

（1）提升转发性能。在传统的网络当中，用户面和控制面是合一的，比如 LTE 的核心网网元 S-GW，在 S-GW 中既要实现控制面的信令处理，又要实现用户面业务的报文转发。实际上，控制信令处理和报文转发对电子器件的要求是不同的，控制信令处理要求的是电子器件的逻辑处理能力，而报文转发要求的是电子器件的转发能力。这两者要在同一个网元设备上实现的时候，非常考验硬件的能力，导致硬件的电子器件的选择范围变窄，无形中提高了设备的开发、生产成本。

5G核心网SDN化之后，UPF成了独立的用户面，可以专注于如何提升转发能力。UPF的业务处理方式可以分成两种：基础业务处理和复杂业务处理。大量的基础业务数据包可以通过转发节点直接进行快速、高效地转发。如果转发节点采用通用的处理器架构硬件，还能大大地降低运营商的建设、维护成本。

（2）提升网络可靠性。在传统的无线核心网络中，当关键的用户面节点出现故障的时候，需要控制面的节点先进行发现，之后才能进行处理。比如4G网络中的S-GW出现故障的时候，需要MME先发现S-GW发生故障，然后再新建连接，再通过相邻节点之间的信息通知全网。这是一个冷处理的过程，即业务很可能会全部中断，只能重新再新建连接。

5G核心网SDN化之后，作为独立用户面的UPF一旦发生故障，SMF可以通过SDN控制器北向接口动态地调整数据传输网络的拓扑。由于网络控制面对网络数据面有宏观的全面的视野，路由协议交换、路由表生成等路由功能均在统一的控制面完成，所以当SMF从"全局视野"中发现UPF出现故障时，就可以安排邻近的UPF来替代有故障的UPF。此时可以将原UPF的用户上下文和业务地址全部复制到新的UPF中，实现热容灾的功能，即业务不会出现明显的中断。

（3）促进网络扁平化部署。网络扁平化是指将传统的接入、汇聚、核心三层网络架构进行了简化，使数据传输经过的层级减少，因此被人们形象地冠以"扁平"的称号。不妨想象一下有一栋三层的小楼，一楼是接入，二楼是汇聚，三楼是核心，若要提交一个报告，就得一层楼一层楼地去爬。但现在这个机构改革了，租了一个平房作为办公场所，这时提交报告就不需要去爬楼或者少爬楼了，这就是"扁平化"。

扁平网络一般被认作是一种网络架构（Fabric），其优势在于能够允许更多的路径通过网络，以满足数据中心的新要求，包括对虚拟化网络和虚拟机迁移的支持。扁平网络旨在尽量缩短延迟，提高可用带宽，同时提供虚拟化环境下所需的众多网络路径。

核心网的SDN化给5G网络带来的扁平化的变化主要体现在UPF的下沉上。在特定的场景中，可以在有必要的时候将UPF下沉，将其与无线接入网部署在一起，便于流量的快速转发，降低网络延迟。SDN技术将控制面和数据面进行分离后，使5G网络用户面功能实体UPF得以实现小型化，这是以往的网络所无法做到的。

（4）提升业务创新能力。传统的4G核心网是一个封闭的网络架构，新业务的部署都要依赖设备厂商来实现，开发周期长，进度难以控制。而5G核心网的UPF只进行数据报文的转发，业务创新和控制面可以基于通用的服务器来实现，这样可以大大加快新业务集成的速度。

4. NFV和SDN的关系

NFV和SDN技术的发展背景、核心偏重、对应的协议层等均有所不同，其中任何一个技术都可以在各自的领域内带来巨大的影响。5G的核心网将这两种技术都纳入了标准中，产生了"1+1大于2"的影响。NFV和SDN的关系如图4-18所示。

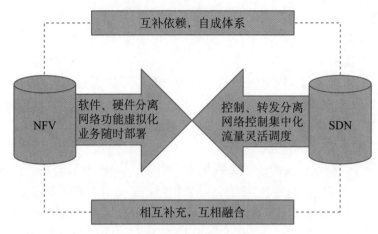

图 4-18　NFV 和 SDN 的关系

（1）起源对比。SDN 起源于园区网，成熟于数据中心；NFV 始于运营商，最初主要是大型运营商在推动的。

（2）核心关键点对比。SDN 的核心要点有三个：将控制平面和数据平面分离，这是最核心的部分；SDN 使用的都是商用化的、通用的路由器和交换机，这是相对于专有的芯片、专有的架构、专有的设备而言的；控制面可编程。

对应的 NFV 的三大关键点是：将网络设备的功能从网络硬件中解耦出来；将电信硬件设备从专用产品转为商业化产品；数据平面可编程。

（3）适用范围对比。SDN 跟 NFV 最明显的区别是：SDN 处理的是 OSI 模型中的 2~3 层，NFV 处理的是 4~7 层，如图 4-19 所示。

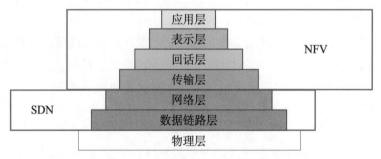

图 4-19　NFV 和 SDN 在 OSI 七层协议中的对应关系

SDN 主要优化网络基础设施架构，比如以太网交换机、路由器和无线网络等。

NFV 主要优化网络的功能，比如负载均衡、防火墙、WAN 网优化控制器等。

（4）优点对比。SDN 带来的好处：简化由成千上万来自不同供应商、API 接口的物理路由器交换机组成的整个网络的配置过程。从应用或者策略管理的角度来看，整个网络大大简化，从而简化了操作，减少了成本，不用再为一些功能强大的贵的硬件花冤枉钱了。

NFV 带来的好处：加快产品和新业务推向市场的速度，因为无须改变硬件，要知道，硬件修改要费劲的多，开发测试周期太长。由于标准化的作用，使得采购、设计、集成和基础设施的维护的过程大大简化；由于有了动态分配硬件资源的能力，可以在确定的时间增加网络功能，从而增加了灵活性 / 扩展。

4.3 5G接入网

4.3.1 5G接入网架构

5G 接入网主要包含 gNB 和 ng-eNB 两类节点，gNB 是 5G 标准中定义的接入节点，是真正的 5G 基站，提供 NR 用户平面和控制平面的协议与功能；而 ng-eNB（next generation Evolved Node B）是下一代的 4G 基站，是 4G 基站 eNB 的演进型、升级版，提供 E-UTRA 用户平面和控制平面的协议与功能。5G 接入网整体架构如图 4-20 所示。

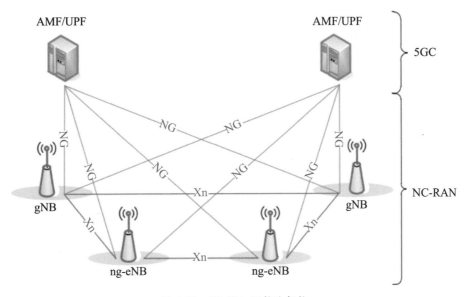

图 4-20　5G 接入网整体架构

那么，为什么在 5G 接入网中不全部采用 gNB，为什么要用 ng-eNB 呢？主要的原因还是在于成本方面的考虑。本章的 4.1.3 小节已经阐述了运营商的网络会在一段时间内呈现 4G 基站和 5G 基站共存的情景，由于目前 5G 基站的建设成本仍显得比较高昂，所以在基站建设需求达到十几万、几十万甚至上百万的级别的时候，建设所需投资仍会让运营商感受到巨大的压力。相比之下，大量 LTE 站点升级利用所花费的投资就小很多了，所以在 5G 网络建设的初期、中期，接入网必须考虑采用 ng-eNB。

下面重点讨论纯 5G 基站的 NG-RAN。

如图 4-21 所示，NG-RAN 由一组通过 NG 接口连接到 5GC 的 gNB 组成，gNB 可以通过 Xn 接口互连，gNB 可以支持 FDD 模式、TDD 模式或双模式操作。gNB 可以由 gNB-CU 和一个或多个 gNB-DU 组成。gNB-CU 和 gNB-DU 通过 F1 接口连接。一个 gNB-DU 仅连接到一个 gNB-CU。

gNB 和 ng-eNB 承载以下功能。

● 无线资源管理的功能：无线承载控制，无线接纳控制，连接移动性控制，在上行链路和下行链路中向 UE 的动态资源分配（调度）。

● IP 报头压缩，加密和数据完整性保护。

● 当不能从 UE 提供的信息确定到 AMF 的路由时，在 UE 附着处选择 AMF。

● 用户面数据向 UPF 的路由。

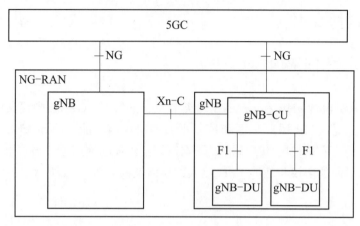

图 4-21 NG-RAN 整体架构

- ●控制面信息向 AMF 的路由。
- ●连接设置和释放。
- ●调度和传输寻呼消息。
- ●调度和传输系统广播信息（源自 AMF 或 O & M）。
- ●用于移动性和调度的测量与测量报告配置。
- ●上行链路中的传输级别数据包标记。
- ●会话管理。
- ●支持网络切片。
- ●QoS 流量管理和映射到数据无线承载。
- ●支持处于 RRC_INACTIVE 状态的 UE。
- ●NAS 消息的分发功能。
- ●无线接入网共享。
- ●双连接。
- ●NR 和 E-UTRA 之间的紧密互通。

4.3.2　NR主要接口功能

1. NG 接口

NG 接口的协议栈如图 4-22 所示。

NG 控制面接口（NG-C）在 NG-RAN 节点和 AMF
之间定义。传输网络层建立在 IP 传输之上，为了可靠地
传输信令消息，在 IP 之上添加 SCTP 层，应用层信令协
议称为 NGAP（NG 应用协议）。SCTP 层提供有保证的应
用层消息传递，在传输中，IP 层点对点传输用于传递信
令 PDU。

NG 用户面接口（NG-U）在 NG-RAN 节点和 UPF
之间定义。传输网络层建立在 IP 传输上，GTP-U 用于

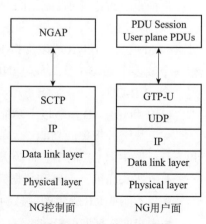

图 4-22　NG 接口协议栈

UDP / IP 之上，以承载 NG-RAN 节点和 UPF 之间的用户面 PDU。

NG 的接口功能有：寻呼功能、UE 上下文管理功能、移动管理功能、PDU 会话管理功能、NAS 传输功能、NAS 节点选择功能、NG 接口管理功能、警告信息传输功能、配置传输功能、跟踪功能、AMF 管理功能、AMF 负载平衡功能、AMF 重新分配功能、UE 无线能力管理功能等。

2. Xn 接口

Xn 接口的协议栈如图 4-23 所示。

Xn 控制面接口（Xn-C）在两个 NG-RAN 节点之间定义。传输网络层建立在 IP 之上的 SCTP 中，应用层信令协议称为 Xn-AP（Xn 应用协议）。SCTP 层提供有保证的应用层消息传递。在传输中，IP 层点对点传输用于传递信令 PDU。

Xn 用户面接口（Xn-U）在两个 NG-RAN 节点之间定义。传输网络层建立在 IP 传输上，GTP-U 用于 UDP / IP 之上以承载用户面 PDU。

Xn-C 的接口功能有：在两个 NG-RAN 节点之间初始化设置 Xn 接口、错误指示功能、Xn 复位功能、Xn 配置数据更新功能、Xn 删除功能、UE 移动管理功能、RAN 寻呼功能、数据转发控制功能、激活 / 停用小区功能等。

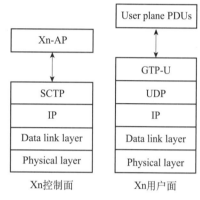

图 4-23 Xn 接口协议栈

Xn-U 的接口功能有：在 NG-RAN 节点之间传输数据及支持双连接或移动性操作、流量控制等功能。

3. F1 接口

F1 接口规范是一个开放的接口规范，支持端点之间的信令信息交换，此外接口支持数据传输到各个端点。从逻辑角度来看，F1 是端点之间的点对点接口。F1 接口支持控制平面和用户平面分离，支持无线网络层和传输网络层的分离，可以交换 UE 相关信息和非 UE 相关信息。F1 接口采用面向未来的方式设计，以满足不同的新要求，支持新服务和新功能。可以支持由不同制造商提供的 gNB-CU 和 gNB-DU 的互联。

4. 空中接口

5G 网络的空口是 Uu 接口，从整体协议栈结构来看，5G 和 4G 的协议栈从根本上说没有什么大的变化。当然随着功能和性能的提升，协议栈细节上面的变化是不可避免的。下面把 4G 和 5G 的协议栈进行对比。首先，两者都是进行用户面和控制面的分离，从控制面上来看，两者的结构完全相同，如图 4-24 所示。

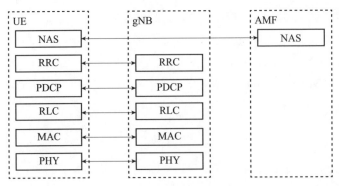

图 4-24　5G 空口协议栈控制面

而从用户面来看，除了增加了一个新的 SDAP 协议栈之外，其他结构也是完全相同的，如图 4-25 所示。

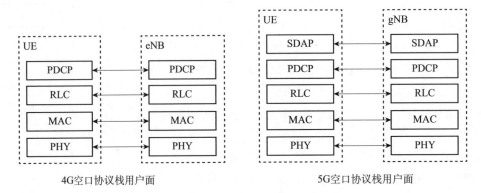

4G空口协议栈用户面　　　　　　　　　　　　　5G空口协议栈用户面

图 4-25　5G 空口协议栈用户面

5G 空口协议栈用户面增加 SDAP 这一协议栈的目的是非常明确的，因为 5G 网络中无线侧依然沿用来自 4G 网络中的无限承载的概念，但 5G 中的核心网为了实现更加精细化的业务，其基本的业务通道从 4G 时代的承载（Bearer）的概念细化到以 QoS Flow 为基本业务传输单位。那么在无线侧的承载（DRB）就需要与 5GC 中的 QoS Flow 进行映射，这便是 SDAP 协议栈的主要功能。

4.3.3　CU/DU分离

1. CU/DU 分离的必要性

5G 接入网需要更灵活的无线资源管理，空口资源与具体的业务解耦，能更灵活地实现资源的调配，这就需要构造资源池，基带处理能力的池化，按需进行分配。5G 接入网相比 4G 接入网，需要解决的需求可归纳为以下几点。

（1）空口协调和站点协作的需求。回想一下 4G 接入网的架构，各 eNB 之间均通过 S1 接口直连核心层，虽然 eNB 之间也有相互连接的 X2 接口，但各 eNB 之间处于一个平等的关系，没有一个类似于 3G 中"RNC"的角色来进行统一的控制和调配，站点之间的协调非常复杂、不灵活。在 5G 网络下，接入网的基站、小区的密度会越来越高，小区和小区之间的干扰也越来越大，越来越复杂，所以需要一个"中央控制器"的角色来进行站点间合作的协调。

（2）网络切片化的需求。5G 有 eMBB、mMTC、uRLLC 三大应用场景，而且由于 5G 引入了"网络切片"功能，不同的业务，对时延带宽的要求都是不一样的，因此在 5G 接入网侧就需要针对不同的需求，进行不同的处理。

（3）自动化、智能化管理的需求，增强网络自动化管理的需求。随着 5G 开通后，用户的增加、网络体量的增大、网络复杂程度的增加，人工手动设置的网络优化方式已经不能满足需求了，需要采用一种自动化、智能化的网络管理、优化方式。这时就需要引入网络功能虚拟化的技术，即 NFV 的技术，来实现网络管理、优化方式的自动化和智能化。

2. CU/DU 的演进和功能

为了满足上述需求，5G 接入网相比 4G 接入网在架构上进行了演进，如图 4-26 所示。

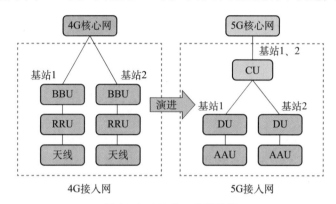

图 4-26　5G 接入网的演进

由图 4-26 可以看出，4G 接入网划分成 BBU、RRU 和天线几个模块，每个基站都有一套 BBU+RRU+ 天线，并通过 BBU 直接连到核心网。而 5G 的接入网架构则进行了重新划分，原先的 RRU 和天线合并成了 AAU，而 BBU 则拆分成了 DU 和 CU，每个站点都有一套 DU+AAU，然后多个站点可以共用同一个 CU 进行集中式管理。

5G 接入网还对基站的各项功能进行了重构：

（1）CU（Centralized Unit）是中央单元，主要包括非实时的无线高层协议栈功能，同时也支持部分核心网功能下沉和边缘应用业务的部署。可以用通用的硬件来实现，也可以采用 NFV 技术，它具有更灵活地编排、配置 CU 的能力，按需部署业务，实现网络切片功能。

（2）DU（Distributed Unit）是分布单元，主要处理物理层功能和实时性需求的功能。DU 更靠近用户，可以满足超高可靠性、超低时延业务 uRLLC 的需求。

（3）AAU（Active Antenna Unit）是有源天线处理单元，相当于 4G 网络中 RRU 和天线的一个合成体。由于 5G 引入了 Massive MIMO（大规模 MIMO）技术，传统的 RRU+ 天线的方式会需要很多根馈线，RRU 和天线上的馈线接口也需要很多个，而这种工艺的复杂度也会越来越高，加上馈线本身还有一定的衰耗，这也会影响部分系统性能。所以 5G 接入网将 RRU 和原本的无源天线集成为一体，也就形成了最新的 AAU。

4. CU/DU 分离选项

在讨论 CU/DU 的分离选项之前，先对 4G 网络中 UE 和 eNodeB 的协议栈进行一定的了解。UE 和 eNodeB 的协议栈分为控制面和用户面两个面，LTE 系统的数据处理过程被分解成不同的协议层，因此，可以把不同的协议层理解成是 UE 或 eNodeB 中对数据的不同处理，如图 4-27 所示。

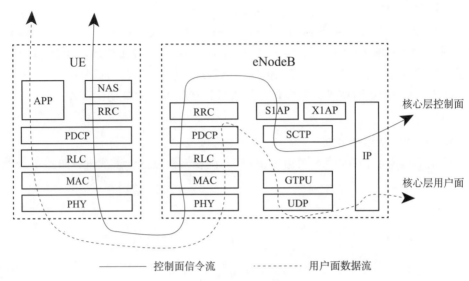

图 4-27　LTE 接入层数据处理

无论是用户面的数据流（如文字、视频等数据），还是控制面的信令流，都要在 UE 和 eNodeB 中进行逐层地处理，才能转化成用户需要的数据格式进行传输。相关的协议层的描述如下。

（1）RRC：无线资源控制层，支持终端和 eNode B 间多种功能的最为关键的信令协议。

（2）PDCP：分组数据汇聚层，负责执行头压缩以减少无线接口必须传送的比特流量。

（3）RLC：无线链路控制层，负责分段与连接、重传处理，以及对高层数据的顺序传送。

（4）MAC：媒体访问层，负责处理 HARQ 重传与上下行调度。

（5）PHY：物理层，协议栈的底层，经物理层处理过的数据就可以通过天线进行发送。

在 5G 接入网中，UE 和 gNB 的协议栈与 4G 接入网是基本一致的，唯一的不同之处在于用户面的 PDCP 之上多了一个 SDAP 协议层。于是在此需要思考一个问题，CU/DU 的分离应该在哪个协议层的位置进行功能划分，即哪些协议层功能由 CU 负责，哪些协议层功能由 DU 负责？

截至 3GPP 在 2016 年 8 月举行的 RAN3#92 会议，一共给出了 8 种 CU/DU 的划分选项，在 2017 年 3 月提出了 R14 关于 TR38.801 的最终版本中定义了 CU/DU 划分选项如图 4-28 所示。

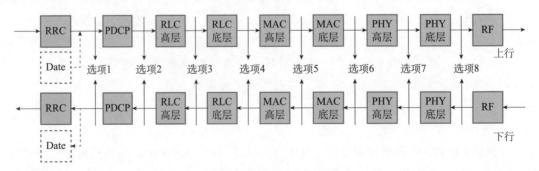

图 4-28　CU/DU 分离选项

图 4-28 中的选项 8，实际上就是 4G 接入网的方式，4G 接入网采用 BBU+RRU+ 天线的方式，图 4-28 中 RF（射频）部分由 RRU 和天线完成，而从高层的 RRC 到底层 PHY 全部由 BBU 去完成。

目前主流的 CU/DU 分离选项是采用选项 2 作为高层划分，这里对应的是 F1 接口，主要考虑根据数据处理的实时性和非实时性来进行划分。另外采用选项 6 作为低层划分，对应 F2 接口。

经过这样的划分，相比于 4G，5G 接入网的 CU、DU、AAU 所包含的协议层如图 4-29 所示。

BBU 非实时性功能归入 CU，实时性功能归入 DU，BBU 的物理层功能、RRU 功能、天线归入 AAU。在 5G 接入网中，采用这种划分的原因是为了满足 5G 不同场景的需要。根据 3GPP 提出的 5G 标准，CU、DU、AAU 可以采取分离或合设的方式，所以会出现多种接入网络的部署形态。不同部署方式的选择，需要综合考虑多种因素，如业务的传输需求（带宽，时延等）、建设成本投入、维护难度等。

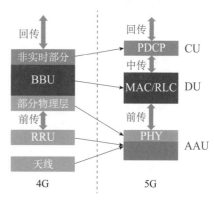

图 4-29 CU/DU 协议层划分

第 5 章 5G关键技术

5.1 新波形

移动通信技术已经从第一代（1G）演进到第四代（4G），纵观整个移动通信系统的发展历程，每一次变革都有标志性的技术革新。1G 于 20 世纪 80 年代初提出，是以模拟通信为代表的模拟蜂窝语音通信；2G 是以时分多址（TDMA）和频分多址（FDMA）为主的数字蜂窝语音技术；3G 是以码分多址（CDMA）为核心的窄带数据多媒体移动通信；而 4G 则是以正交频分复用（OFDM）为核心的宽带数据移动互联网通信。

波形是无线通信物理层中最基本的技术。作为 4G 多载波技术的典型代表，OFDM 在4G 中得到了广泛的应用，其子载波在时域上相互正交，它们的频谱相互重叠，频谱利用率高，得到了广泛的应用，特别是在对抗多径衰落、低实现复杂度等方面有较大优点，但也存在一些缺点：由于电磁波的多径效应会破坏子载波的正交性，导致符号间干扰和载波间干扰，因此 OFDM 需要插入循环前缀（CP）来对抗多径衰落（减少符号间干扰和载波间干扰），但这会降低频谱效率和能量效率。OFDM 对载波频偏高度敏感，具有较高的峰均功率比（PAPR），需要通过 DFT 预编码来改善 PAPR。在 OFDM 系统中，基带波形采用方波，载波旁瓣大。当每个载波不严格同步时，相邻载波间的干扰更为严重。此外，由于每个子载波具有相同的带宽，各子载波之间必须正交等限制，从而导致频谱的使用不灵活。

图 5-1 是 OFDM 的收发机示意图，信号在发送端需要经过 OFDM 调制（IFFT）和插入CP；在接收端需要进行去 CP 和进行 OFDM 解调（FFT）。

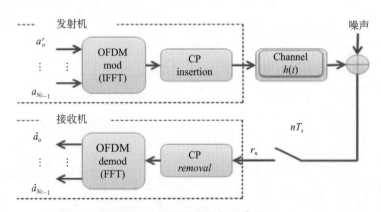

图 5-1 OFDM 收发机示意图

由于无线信道的多径效应，符号间会产生干扰，为了消除符号间干扰（ISI），需要在符号间插入保护间隔。插入保护间隔的一般方法是在符号间插入空白符，即发送第 1 个符号后停留一段时间（不发送任何信息），接下来再发送第 2 个符号，这样虽然减弱或消除了符号间干扰，但是会破坏子载波间的正交性，导致子载波之间的干扰（ICI）。为了既消除 ISI，又消除 ICI，OFDM 系统中的保护间隔采用 CP 来充当，而 CP 是系统开销，不传输有效数据，降低了频谱效率。尽管如此，在时频同步的情况下，OFDM 是一个非常优秀的技术。未来 5G 需要支持物联网业务，而物联网将带来海量连接，需要低成本的通信解决方案，因此并不需要采用严格的同步。而 OFDM 放松同步增加了符号间隔，以及子载波之间的干扰，导致系统性能下降，因此 5G 需要寻求新的多载波波形调制技术。

为了应对未来 5G 业务的多样性、长尾性和不确定性，有必要考虑建立一个统一的新空口，以适应各种业务的灵活性，并且面向未来。此外，追求更高的频谱效率一直是新空口设计的目标，这对于降低运营商的网络部署成本和整个产业链的成熟与繁荣至关重要。因此，业界提出了多种新的波形技术，例如滤波 OFDM（F-OFDM）技术、滤波器组多载波（FBMC）、通用滤波多载波（UFMC）技术和广义频分复用（GFDM）技术。这些技术的共同特点是都采用了滤波机制，通过滤波来减少子带或子载波的频谱泄露，从而放松了时频同步的要求，避免了 OFDM 的主要缺点。其中，华为的 F-OFDM（Filtered OFDM）最受业界关注。

那么下面就以我国华为 F-OFDM 为例进行介绍。

F-OFDM 是空口的新波形，支持不同波形、多址技术、TTI 的接入，通过 F-OFDM 可以实现基于不同属性的业务灵活分配时频资源，是实现自适应空口的基础。F-OFDM（Filtered-Orthogonal Frequency Division Multiplexing）是一种可变子载波带宽的自适应空口波形调制技术，是基于 OFDM 的改进方案。F-OFDM 既能够实现空口物理层切片后向兼容 LTE 4G 系统，又能满足未来 5G 发展的需求。

F-OFDM 技术的基本思想是：将 OFDM 载波带宽划分成多个不同参数的子带，并对子带进行滤波，而在子带间尽量留出较少的隔离频带。比如，为了实现低功耗大覆盖的物联网业务，可在选定的子带中采用单载波波形；为了实现较低的空口时延，可以采用更小的传输时隙长度；为了对抗多径信道，可以采用更小的子载波间隔和更长的循环前缀。

基础波形的设计是实现统一空口的基础，同时兼顾了灵活性和频谱利用效率。在讨论第一个核心技术 F-OFDM 之前，简单回顾一下这项技术，看看为什么 OFDM 不能满足 5G 时代的要求。OFDM 通过串并转换将高速数据调制成正交子载波，并引入循环前缀，解决了码间串扰的难题。在 4G 时代，它是辉煌的，但 OFDM 的主要问题是不够灵活。未来不同的应用有不同的技术要求。例如，车联网业务的端到端 1ms 延迟需要非常短的时域符号和 TTI，这需要很宽的频域副载波带宽。在物联网的多连接场景中，单个传感器传输的数据量很低，但系统的整体连接数很高，这就要求在时域的频域中有相对较窄的副载波带宽，符号长度和 TTI 都可以足够长，所以几乎无须考虑码间串扰问题，无须引入 CP，同时异步操作也可以解决终端节电问题。OFDM 已经不能满足这些 5G 的灵活要求。

图 5-2 所示为 OFDM 的时频资源分配方式，在频域子载波带宽是固定的 15kHz（7.5kHz 仅用于 MBSFN），而子载波带宽确定之后，其时域 Symbol 的长度、CP 长度等也就基本确定了。

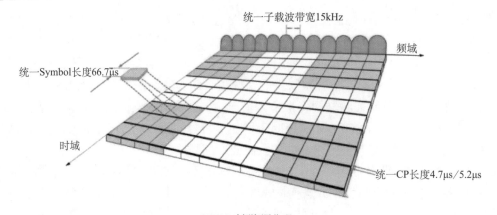

OFDM时频资源分配

图 5-2　OFDM 的时频资源分配方式

　　为了更好地理解，可以将系统的时频资源理解为一节车厢（见图 5-3）。如果采用 OFDM 方案装修，列车上只能提供固定大小的硬座（子载波带宽）。所有的人，无论是胖是瘦，是富是穷，都只能坐在同样大小的硬座上。这显然是不科学、不人性化的，不能满足人民群众日益增长的物质文化需求。对于 5G，人们希望座椅和空间可以根据乘客的身高灵活定制，硬座、软座、卧铺和包厢都可以随意调节，这是适应性和谐列车。所有这些都可以通过华为提出的 F-OFDM 来实现。

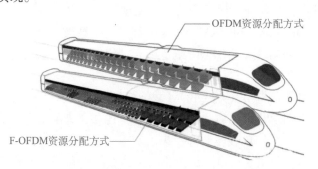

图 5-3　OFDM/F-OFDM 车厢截面对比图

　　从图 5-4 可以看出，F-OFDM 可以为不同的业务提供不同的子载波带宽和 CP 配置，以满足不同业务的时频资源需求。这时，有人会问，不同带宽的子载波不再具有正交特性，所以有必要引入保护带宽，例如 OFDM 需要 10% 的保护带宽，这样一来，F-OFDM 的灵活性是有了保证，但频谱利用率会不会降低呢？就像这些奇怪形状和大小的座位挤在一起一样，列车空间的利用率肯定会降低，只是你不能两者兼得，灵活性和系统开销似乎是一对矛盾体。

　　但是，F-OFDM 通过优化滤波器的设计大大降低了带外泄露，不同子带之间的保护带开销可以降至 1% 左右，不仅大大提升了频谱的利用效率，也为将来利用碎片化的频谱提供了可能。

　　综上所述，F-OFDM 继承了 OFDM 的所有优点（高频谱利用率、自适应 MIMO 等），克服了 OFDM 固有的一些缺陷，进一步提高了灵活性和频谱利用效率，是实现 5G 空口切片的基本技术。

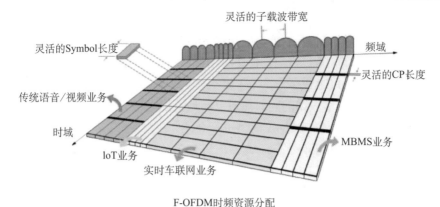

图 5-4　F-OFDM 的时频资源分配方式

5.2　非正交多址接入技术

多址接入是无线物理层的核心技术之一。基站采用多址技术，同时区分和服务多个终端用户，如图 5-5 所示。目前移动通信中使用的是正交多址，即用户通过不同维度（频分、时分、码分等）的资源正交多址进行接入，如 LTE 利用 OFDMA 对二维时频资源进行正交多址来接入不同的用户。正交多址技术存在着接入用户数与正交资源成正比的问题，因此系统容量有限。为了满足 5G 大连接、大容量、低延迟的需求，迫切需要新的多址接入技术。

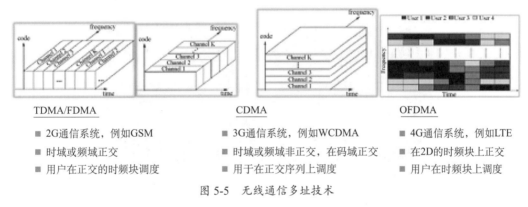

TDMA/FDMA	CDMA	OFDMA
■ 2G 通信系统，例如 GSM	■ 3G 通信系统，例如 WCDMA	■ 4G 通信系统，例如 LTE
■ 时域或频域正交	■ 时域或频域非正交，在码域正交	■ 在 2D 的时频块上正交
■ 用户在正交的时频块调度	■ 用于在正交序列上调度	■ 用户在时频块上调度

图 5-5　无线通信多址技术

研究人员提出了一系列新型多址接入技术，它们通过在时域、频域、空域 / 码域的非正交设计，在相同的资源上为更多的用户服务，从而有效地提升系统容量与用户接入能力。

目前，业界提出主要的新型多址技术包括：基于多维调制和稀疏码扩频的稀疏码分多址（SCMA）技术、基于复数多元码及增强叠加编码的多用户共享接入（MUSA）技术、基于非正交特征图样的图样分割多址（PDMA）技术，以及基于功率叠加的非正交多址（NOMA）技术。这些新型多址通过合理的码字设计，可以实现用户的免调度传输，显著降低信令开销，缩短接入的时延，节省终端功耗。不同的 5G 应用场景，有不同的需求，例如：下行主要面向广域覆盖和密集高容量场景，目标是实现频谱效率的提升；上行主要面向低功耗大连接场景和低时延高可靠场景，目标是针对物联网场景。在满足一定用户速率要求的情况下，尽可能地增加接入用户数量，同时支持免调度的接入，降低系统信令开销、时延和终端功耗。未来 5G 技术需要根据不同的场景，并结合接收机的处理能力来选取合理的多址技术方案。

前面一节介绍新波形的时候提到了华为的 F-OFDM（Filtered OFDM），其实华为在提出此波形的同时也提出了新的多址技术及纠错码技术，就是 SCMA 和 Polar Code，这套 F-OFDM+SCMA+Polar Code 组成了华为 5G 新空口三个核心技术，得到了业界广泛的认同，这些新的空口技术在提升频谱效率的同时能更灵活地适配业务对空口传输的需求。

那么下面同样以我国华为的 SCMA 为例进行介绍。

SCMA（Sparse Code Multiple Access，稀疏码分多址接入）技术是由华为所提出的第二个第五代移动通信网络全新空口核心技术，它是一种非正交多址技术，通过使用稀疏编码将用户信息在时域和频域上进行扩展，然后将不同用户的信息叠加在一起来实现无线频谱资源利用效率的提升，简单地讲就是在时域、频域的基础上，增加码域的复用，提升频谱效率与系统容量。其最大特点是，非正交叠加的码字个数可以成倍大于使用的资源块个数，相比 4G 的 OFDMA 技术，它可以实现在同等资源数量条件下，同时服务更多用户，从而有效提升系统整体容量，根据仿真发现，SCMA 相比 OFDM 能够提升 3 倍的频谱效率。

前面一节 F-OFDM 解决了业务灵活性的问题，对于 5G，这就够了吗？当然不够，还得再考虑怎么利用有限的频谱，提高效率，容纳更多用户，提升更高吞吐率的问题。

还是用火车的例子吧，虽然针对不同业务需求，划分了不同的座位，但是怎么在这一列有限空间的火车里，装更多的人呢？如图 5-6 所示。

图 5-6　系统容量翻番案例

不过这样系统容量是扩大了，但是用户都挤在一起，彻底没法区分了，多用户解调就成了不可能完成的任务。前面通过 F-OFDM 已经实现了在频域和时域的资源灵活复用，并把保护带宽降到了最小，为了进一步压榨频谱效率，还有哪些域的资源能复用呢？最容易想到的当然是空域和码域。

空域的 MIMO 技术在 LTE 时代就被提出来了，而 SCMA 正是采用这一思路，引入稀疏码本，通过码域的多址实现了频谱效率的 3 倍提升，下面来进行详细探究。

F-OFDM 已经实现了火车座位（子载波）根据旅客（业务需求）进行了自适应，进一步提升频谱效率就是需要在有限的座位（子载波）上塞进更多用户。方法说来也简单，座位就那么多，大家挤挤呗。

打个比方，4 个同类型的并排座位，完全可以塞 6 个人，这样不就轻松地实现 1.5 倍的频谱效率提升了吗？听起来道理很简单，可是实现起来可不简单。这就涉及 SCMA 的第一个关键技术——低密度扩频，把单个子载波的用户数据扩频到 4 个子载波上，然后 6 个用户共享这 4 个子载波（见图 5-7）。之所以叫低密度扩频，是因为用户数据只占用了其中 2 个子载波（图中有颜色的格子），另外 2 个子载波是空的（图中白色的格子），这就相当于 6 个乘客坐 4 个座位，那每个乘客最多坐两个座位。这也是 SCMA 中 Sparse（稀疏）的来由。

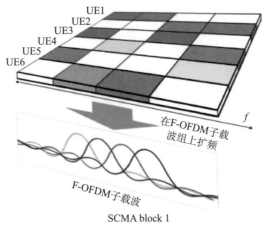

图 5-7　SCMA 原理图

为什么一定要稀疏呢？如果不稀疏就是在全载波上扩频，那同一个子载波上就有 6 个用户的数据，冲突太厉害。

但是 4 个座位（子载波）塞了 6 个用户之后，乘客之间就不严格正交了（每个乘客占了两个座位，无法再通过座位号（子载波）来区分乘客了），单一子载波上还是有 3 个用户的数据冲突了，多用户解调还存在困难。

这时候就用到了 SCMA 第二个关键技术，叫作高维调制。高维调制这个概念非常抽象，因为传统的 IQ 调制只有两维，即幅度和相位，多出来的维代表什么呢？这里需要大家开一下脑洞，想象一下《三体世界》里半人马座 α 星人把一个质子展开到多维空间雕刻电路后再降维的过程，最终一个质子变成了一个无所不能的计算机，质子还是那个质子，不过功能大大增强了。

同样，通过高维调制技术，调制的还是相位和幅度，但是最终使得多用户的星座点之间的欧氏距离拉得更远，多用户解调和抗干扰性能大大增强了。每个用户的数据都使用系统分配的稀疏码本进行了高维调制，而系统又知道每个用户的码本，就可以在不正交的情况下，把不同用户最终解调出来。这就相当于虽然无法再用座位号来区分乘客，但是给这些乘客贴上不同颜色的标签，结合座位号还是能够把乘客给区分出来的。

就这样，SCMA 在使用相同频谱的情况下，通过引入码域的多址，大大提升了频谱效率，通过使用数量更多的载波组，并调整稀疏度（多个子载波中单用户承载数据的子载波数），频谱效率可以提升 3 倍甚至更高。

那么再具体看看码本设计的两个关键技术：低密度扩频；高维 QAM 调制。将这两种技术结合，通过共轭、置换、相位旋转等操作选出具有最佳性能的码本集合，不同用户采用不同的码本进行信息传输。码本具有稀疏性是由于采用了低密度扩频方式，从而实现更有效的用户资源分配及更高的频谱利用；码本所采用的高维调制通过幅度和相位调制将星座点的欧式距离拉得更远，保证多用户占有资源的情况下利于接收端解调并且保证非正交复用用户之间的抗干扰能力，如图 5-8 所示。

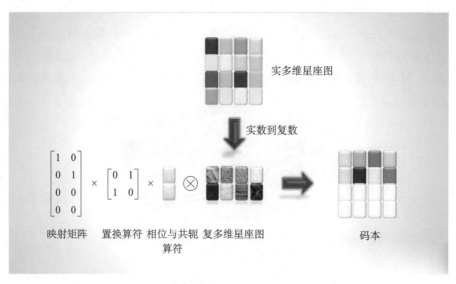

图 5-8　稀疏码本设计示意图

1. 低密度扩频技术

举例而言，现实生活中，如果一排位置仅有 4 个座位，但有 6 个人要同时坐上去，怎么办？解决的办法是这 6 个人挤着坐这 4 个座位。同理，在未来的第五代移动通信系统之中，如果某一组子载波之中仅有 4 个子载波，但是却有 6 个用户由于同时对某种业务服务有需求而要接入到系统之中，怎么办？低密度扩频技术就"应运而生"了。如图 5-9 所示，把单个子载波的用户数据扩频到 4 个子载波上，然后 6 个用户共享这 4 个子载波。可见，之所以被称为"低密度扩频"，是因为用户数据仅仅只占用了其中的两个子载波（图 5-9 中有颜色的格子部分），而另外两个子载波则是空载的（图 5-9 中的白色格子）。于是，这就相当于 6 个乘客同时挤着坐 4 个座位。另外，这也是 SCMA（Sparse Code Multiple Access，稀疏码分多址接入）中"Sparse（稀疏）"的由来。

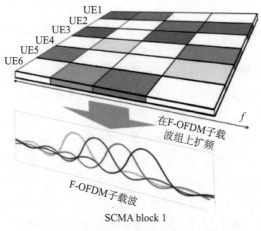

图 5-9　4 个子载波搭载 6 个用户示意图

2.高维调制技术

在传统的调制技术之中，仅涉及幅度与相位这两个维度。那么，在多维 / 高维调制技术之中，除了"幅度"与"相位"，多出来的是什么维度呢？其实，多维 / 高维调制技术所调制的对象仍然还是相位和幅度，但是最终却使得多个接入用户的星座点之间的欧氏距离拉得更远，多用户解调与抗干扰性能由此就可以大大地增强。每个用户的数据都使用系统所统一分配的稀疏编码对照簿进行多维 / 高维调制，而系统又知道每个用户的码本，于是就可以在相关的各个子载波彼此之间不相互正交的情况下，把不同用户的数据最终解调出来。作为与现实生活之中相关场景的对比，上述这种理念可以理解为：虽然无法再用座位号来区分乘客，但是可以给这些乘客贴上不同颜色的标签，然后结合座位号把乘客区分出来。

大家可能很难理解为什么明明就只有两维调制的相位和幅度怎么就拉开距离呢？以图5-10为例，图5-10是一个高维想象图，可以看见在二维图时，小狗图像聚集在圆内，而在三维图形中，方体内的球体的小狗被拉向对角处，在机器学习中，这被称之为维度灾难。可以在脑海中，构建出这样一幅景象：本来很密集的星座图（二维），通过提升维度，它们之间的相互距离不断拉大，类似于图5-10中小狗与小狗之间的距离，这就很容易理解上面的话了，所调制的对象不变，但是由于提升维度，造成欧式距离增大，从而更容易分离出来，也便于后面的多用户检测了。

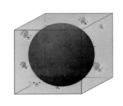

图 5-10 高维调制示意图

5.3 Massive MIMO

由天线组成的信道称为 MIMO（Multiple Input Multiple Output）信道，多天线技术是LTE 的核心技术之一。MIMO 的基本出发点是将用户数据分解成多个并行数据流，在指定的带宽内由多个发射天线同时发射，通过无线信道后由多个接收天线接收。根据每个并行数据流的空间特性，利用解调技术最终恢复原始数据流。MIMO 技术充分利用了信道的空间特性，可以大大提高系统容量，获得较高的频谱利用率，从而获得更高的数据速率、更好的传输质量或更大的系统覆盖率。

随着 5G 场景的多样化和服务的多样化，5G NR 新空口技术的需求也越来越大，因此必须升级 5G-NR 新的空口技术，大规模 MIMO（Large-scale Antenna Technology，又称大规模MIMO）技术应运而生。提高系统容量和频谱利用率是第五代移动通信（5G）的关键技术。大规模 MIMO 技术最初是由美国贝尔实验室的研究人员提出的。研究发现，当基站天线数目趋于无穷大时，可以忽略加性高斯白噪声和瑞利衰落的负面影响，大大提高数据传输速率；充分利用空间资源，可以大大提高频谱利用率和功率利用率，因此成为 5G 的关键候选技术。实际研究中的天线图和 MIMO 如图 5-11、图 5-12 所示。

图 5-11　实际研究中的天线图

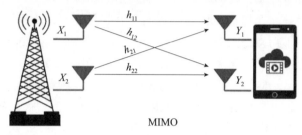

图 5-12　MIMO

　　MIMO 这个词其实并不陌生，因为它在 4G 当中就充当着很重要的角色，并得以广泛应用，4G 的两大关键技术为 OFDMA 和 MIMO。正是由于前者能够很好地适配后者，使其发挥了巨大的性能优势，才使得 4G 速率和频谱效率得到了进一步的升华。然而面对 5G 在传输速率和系统容量等方面的性能挑战，天线数目的进一步增加仍将是 MIMO 技术继续演进的重要方向。根据概率统计学原理，当基站侧天线数远大于用户天线数时，基站到各个用户的信道将趋于正交。在这种情况下，用户间干扰将趋于消失，而巨大的阵列增益将能够有效地提升每个用户的信噪比，从而能够在相同的时频资源上支持更多的用户传输。MIMO 的演进如图 5-13 所示。

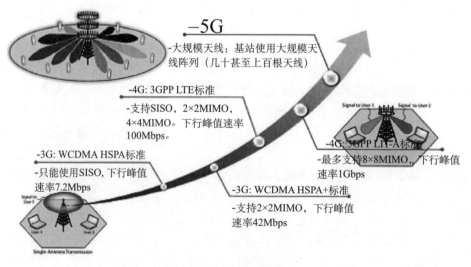

图 5-13　MIMO 的演进

5.3.1　Massive MIMO原理

MIMO 是利用发射端的多个天线各自独立发送信号的，同时在接收端用多个天线接收并恢复原信息。MIMO 通过发送和接收多个空间流，信道容量随着天线数量的增大而线性增大，从而成倍提高无线信道容量，在不增加带宽和天线发送功率的情况下，频谱利用率可以成倍地提高。

通俗地讲 MIMO 指的是多路输入、多路输出。虽然它涉及多种技术，但 MIMO 可以从本质上归纳为一条简单的原理：可在相同的无线信道上同时发送和接收多个数据信号的无线网络。

标准的 MIMO 网络通常会使用 2 或 4 天线配置。另一方面，大规模 MIMO 是一种会用到大量天线的 MIMO 系统。至于大规模 MIMO 的构成设置，目前尚无定论，但通常的描述是具备数十甚至数百天线的系统均可被称为大规模 MIMO。例如，华为、中兴和 Facebook 都已经演示过包含 96 至 128 天线的大规模 MIMO 系统。

5.3.2　Massive MIMO优势

（1）与普通网络相比，MIMO 网络的优势在于它可以将网络连接的容量提高数倍，且不需要占用更多的频谱。据报告称，该技术可以使容量大幅提高，甚至可能在未来将容量提高 50 倍。

（2）发射机/接收机所配备的天线数量越多，可能的信号路径就越多，数据速率和链路可靠性方面的性能也就会更好。

（3）大规模 MIMO 网络还使在更高频段传输的设备具备更强的响应能力，有效提高覆盖范围。特别是，这种技术能够使用户在室内获得更强的信号（5G 更高的频率也会在这方面存在一些固有问题）。

（4）在大规模 MIMO 网络中，更多的天线数量也可以使其具备比当前使用少量天线的系统更强的抵御干扰和故意干扰的能力。

（5）大规模 MIMO 网络还会使用波束赋形技术（Beamforming），可实现目标频谱使用。当前的移动网络在这方面灵活性很差，附近的所有用户都会按比例占用单个频谱池，会在人口稠密的地区出现性能瓶颈的问题。而使用大规模 MIMO 和波束赋形技术后，能够以更加智能和高效的方式处理这一过程，数据速率和时延都会在整个网络中变得更加一致。

5.3.3　5G为什么要用Massive MIMO

5G 频段分为两部分：一个是低频段（即 Sub6），一个是高频段（即毫米波）。低频段将会成为前期部署的主流频段，但是由于该低频段资源已经非常拥挤了，2G/3G/4G 制式基本上都在该频段实现，因此迫切需要尽快利用高频段，而且高频段的资源非常丰富。

从无线电波的物理特征来看，如果使用低频段或者中频段，可以实现天线的全向收发，至少也可以在一个很宽的扇面上收发，如图 5-14 所示。但是，当使用高频段（如毫米波频段）时，别无选择，只能使用包括了很多天线的天线阵列。使用多天线阵列的结果是，波束变得非常窄。

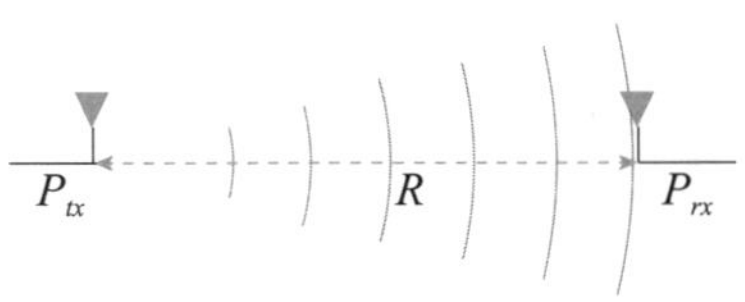

图 5-14　天线的全向收发

为什么在毫米波频段，只能使用多天线阵列呢？

在理想传播模型中，当发射端的发射功率固定时，接收端的接收功率与波长的平方、发射天线增益和接收天线增益成正比，与发射天线和接收天线之间的距离的平方成反比。

在毫米波段，无线电波的波长是毫米数量级的，所以又被称作毫米波。而 2G/3G/4G 使用的无线电波是分米波或厘米波。由于接收功率与波长的平方成正比，因此与厘米波或者分米波相比，毫米波的信号衰减非常严重，导致接收天线接收到的信号功率显著减小。怎么办呢？

不可能随意增加发射功率，因为国家对天线功率有上限限制；不可能改变发射天线和接收天线之间的距离，因为移动用户随时可能改变位置；也不可能无限提高发射天线和接收天线的增益，因为这受制于材料和物理规律。

唯一可行的解决方案是：增加发射天线和接收天线的数量，即设计一个多天线阵列。

随着移动通信使用的无线电波频率的提高，路径损耗也随之加大。但是，假设使用的天线尺寸相对无线波长是固定的，比如 1/2 波长或者 1/4 波长，那么载波频率提高意味着天线变得越来越小。这就是说，在同样的空间里，可以塞入越来越多的高频段天线。基于这个事实，可以通过增加天线数量来补偿高频路径损耗，而又不会增加天线阵列的尺寸。

使用高频率载波的移动通信系统将面临改善覆盖和减少干扰的严峻挑战。一旦频率超过 10GHz，衍射不再是主要的信号传播方式。对于非视距传播链路来说，反射和散射才是主要的信号传播方式。同时，在高频场景下，穿过建筑物的穿透损耗也会大大增加。这些因素都会大大增加信号覆盖的难度。特别是对于室内覆盖来说，用室外宏站覆盖室内用户变得越来越不可行。而使用 Massive MIMO（即天线阵列中的许多天线），能够生成高增益、可调节的赋形波束，从而明显改善信号覆盖，并且由于其波束非常窄，可以大大减少对周边的干扰。

多天线阵列无疑是把双刃剑。很明显，多天线阵列的大部分发射能量聚集在一个非常窄的区域。这意味着，使用的天线越多，波束宽度越窄。多天线阵列的好处在于，不同的波束之间、不同的用户之间的干扰比较少，因为不同的波束都有各自的聚焦区域，这些区域都非常小，彼此之间不大有交集。

多天线阵列的不利之处在于，系统必须用非常复杂的算法来找到用户的准确位置，否则就不能精准地将波束对准这个用户。因此不难理解，波束管理和波束控制对 Massive MIMO 的重要性。

5.3.4　Massive MIMO应用场景

Massive MIMO 在 5G 中的应用场景分为两类：热点高容量场景和广域大覆盖场景。

热点高容量场景包含：局部热点和无线回传等场景。广域大覆盖场景包含：城区覆盖和郊区覆盖等场景。其中局部热点主要针对大型赛事、演唱会、商场、露天集会、交通枢纽等用户密度高的区域；无线回传主要解决基站之间的数据传输问题，特别是宏站与 Small Cell（小站）之间的数据传输问题；城区覆盖分为宏覆盖和微覆盖（例如高层写字楼）；郊区覆盖主要解决偏远地区的无线传输问题。

热点高容量场景中，Massive MIMO 和高频段通信可以很好地结合，从而解决低频段的 Massive MIMO 天线尺寸大和高频段通信的覆盖能力差的问题。

广域覆盖的基站部署对天线阵列尺寸限制小，这使得在低频段应用大规模天线阵列成为可能，在这种情况下，大规模天线还能够发挥其高赋型增益、覆盖能力强等特点去提升小区边缘用户性能，使得系统达到一致性的用户体验。

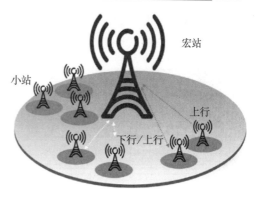

图 5-15　5G 中的宏站/微站协调

5G 中会大量采用宏站和 Small Cell 协同的方式（见图 5-15），宏基站对 Small Cell 小区进行控制和调度，多数用户由微小区的 Massive MIMO 提供服务，微小区无法服务的用户由宏站提供服务。

Massive MIMO 系统的部署，如图 5-16 所示，集中式天线和分布式天线都会有使用场景，在分布式场景中，重点需要考虑多根天线分布在区域内的联合处理及信令传输问题。

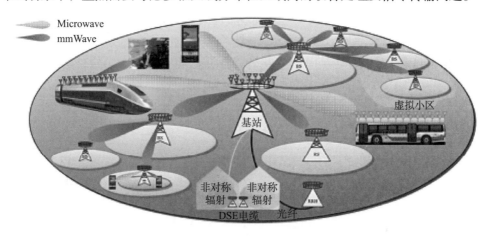

图 5-16　5G Massive MIMO 部署图

5.4　新频谱——毫米波

手机等移动终端的功能日益强大，但随着功能的升级和数量的快速增长，移动网络的流量需求也不断上升，作为下一代无线连接解决方案，5G 势必要满足不断增长的网络需求，这意味着需要开拓更多可用的频谱。

频谱（见图 5-17）是连接的命脉。几乎所有无线通信（包括无线电、电视和 GPS）都是通过无线电频率或频谱进行无线传播的。因此，更多可用的无线数据频谱意味着更大的网络容量，更快的数据速率和更好的用户体验。

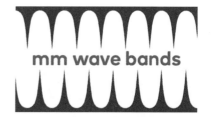

图 5-17　频谱

今天大多数移动通信都在这些 3GHz 以下频段中进行，而 5G 新空口在利用 3GHz 以下的频段的同时，还能利用 3GHz 至 6GHz 之间的中频段及此前被认为不适合移动通信的 24GHz 以上的高频段。目前常用的 6GHz 以下的频段已经基本没有更多的资源可利用了（到 4G 时代已经非常拥挤），那么 5G 时代怎么办呢？这时候，人们想到了过去一直没太关注的毫米波频段，如图 5-18 所示。

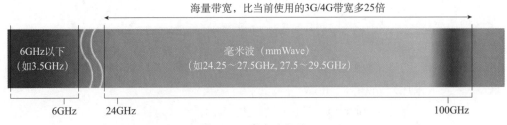

图 5-18　毫米波频段

5G 新空口是第一代使用毫米波的无线通信系统，可以通过更大的带宽实现更快的数据移动传输。毫米波就位于微波与远红外波相交叠的波长范围，其实它也是兼有两种波谱特点的。

于是，在 3GPP 38.101 协议的规定中，5G NR 主要使用两段频率：FR1 频段和 FR2 频段。FR1 频段的频率范围是 450MHz~6GHz，又叫 Sub 6GHz 频段；FR2 频段的频率范围是 24.25~52.6GHz，也就是这里所说的毫米波（mmWave）。

毫米波的波长在 1~10mm（见图 5-19），频率则约为 30~300GHz。当然，3GPP 规定中是从 24.25GHz 开始的，根据

$$波长 = 光速 / 频率$$

这个公式可知，它的波长是 12.37 毫米，也可以叫厘米波，其实这里的定义并不是非常严格。

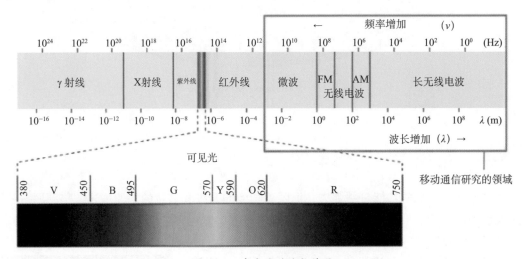

图 5-19　毫米波的波长范围

图 5-20　移动通信频段与城市道路

毫米波究竟如何满足用户对更好更快的连接日益增长的需求，并为 5G 时代的到来铺平道路？可以把当前的移动通信频段想象成拥挤不堪的城市道路。

这里已经修了很多道路（大多数都是狭窄的道路），而且由于大部分土地已经被占用，无法修更多道路，因此需要找到在现有道路上方未使用的空间来容纳更多的汽车，如图 5-20 所示。这个迫切需要的空间就是频谱中的毫米波部分，这是尚未使用的

空间，可以用来建立新的连接路径。

1. 毫米波的优势

（1）频率很高。但是，在30~300GHz之间也不是所有频段都可以随意使用的，因为有些频段效能比较差，所以目前很难被使用。3GPP协议38.101-2 Table 5.2-1中，为5G NR FR2波段定义了3段频率，分别是：

① n257（26.5~29.5GHz）。

② n258（24.25~27.5GHz）。

③ n260（37~40GHz）。

以28GHz和60GHz频段为例，通信领域有一个原理，无线通信的最大信号带宽大约是载波频率的5%，所以两者对应的频谱带宽分别为1GHz和3GHz，而4G-LTE频段最高频率的载波在2GHz上下，频谱带宽只有100MHz，毫米波的带宽相当于4G的10倍，这是一个有待开发的蓝海。

这也就是未来5G信号传输速率会有极大提升的原因。

（2）毫米波的波束很窄。相同天线尺寸要比微波更窄，所以具有良好的方向性，能分辨相距更近的小目标或更为清晰地观察目标的细节，如图5-21所示。

（3）传输质量高。这主要是由于毫米波的频率非常高，所以毫米波通信基本上没有什么干扰源，电磁频谱极为干净，信道非常稳定可靠。

（4）安全性也比较高。因为毫米波在大气中传播受氧气、水气和降雨的吸收衰减很大，点对点的直通距离很短，超过距离信号就会很微弱，这增加

图 5-21 毫米波的波束

了被窃听和干扰的难度。刚才说到毫米波波束窄、副瓣低，这也让它很难被截获。

2. 毫米波的劣势

毫米波最主要的不足，就是传输性能比较差，这体现在三个方面：

（1）这些频谱传得不太远。比如在全向发射时，这些频谱的能量发散比较快，容易衰弱，无法传播到很远。

（2）绕射能力差。容易被楼宇、人体等阻挡、反射和折射，这很容易理解，想一个极端的例子：可见光，可见光的波长比毫米波更短，频率更高，它就很难穿过大部分物体，如图5-22所示。

（3）毫米波还受限于很多空间因素。其中一个主要因素就是水分子对于这些频谱的吸收程度很高，比如这些频谱在下雨、穿过树叶、穿过人体时，它们衰弱非常快。

图 5-22 毫米波的绕射能力

毫米波具有上面这些缺陷，所以过去很长一段时间里难以商用。工程师们一直在努力解

决这个问题，使用天线阵列进行波束成形，将无线电能量集中起来以增加传播距离。但新的问题又随之而来：如何将这些天线阵列整合到移动终端上？正因如此，业界一致认为毫米波永远无法用于移动通信。不过随着通信技术的发展，目前行业已经有比较成熟的驾驭毫米波的方法。这里主要有波束成形技术、大规模 MIMO（Massive MIMO）天线技术等。

5.5 UDN

在未来的 5G 通信中，无线通信网络正朝着网络的多元化、宽带化、综合化、智能化的方向演进。随着各种智能终端的普及，数据流量将井喷式增长，未来数据业务将主要分布在室内和热点区域，而无线物理层技术（如编码技术、MAC、调制技术和多址技术等）只能提升约 10 倍的频谱效率，即使采用更宽的带宽也只能提升几十倍的传输速率，而这远远不能满足 5G 的需求。采用频谱资源的空间复用带来的频谱效率提升的增益达到千倍以上，通过减小小区半径，采用超密集网络部署（即基站间距将进一步缩小，各种频段资源的应用、多样化的无线接入方式及各种类型的基站将组成宏微异构的超密集组网架构），可显著提高频谱效率，改善网络覆盖，大幅度提升系统容量，具有更灵活的网络部署和更高效的频率复用。5G 超密集网络部署，打破了传统的扁平单层宏网络覆盖，使得多层立体异构网络（HetNet）应运而生，如图 5-23 所示。

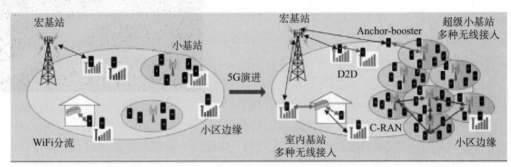

图 5-23　5G HetNet 架构

什么是立体异构网络（HetNet）？它是超密集网络提出的一个概念，立体异构网络是指，在宏蜂窝网络层中布置大量微蜂窝（Microcell）、微微蜂窝（Picocell）、毫微微蜂窝（Femtocell）的接入点，以满足数量容量增长的要求。5G HetNet 架构中，超密小基站成为核心技术，随着超密小基站的大量部署，未来 5G 网络中宏站处理的网络业务流量占比将逐步下降，而小基站（包括室内小基站和室外小基站）承载流量占比将飞速攀升。系统容量提升如下式所示，通过增加小区数和信道数，容量成倍提升，同时 UDN 具有更灵活的网络部署和更高效的频率复用。

$$C_{sum} \Leftrightarrow \sum_{Cells} \sum_{Channels} B_i \log_2 \left(1 + \frac{P_i}{I_i + N_i} \right)$$

UDN 采用虚拟层技术，即单层实体网络构建虚拟多层网络，如图 5-24 所示，单层实体微基站小区搭建两层网络（虚拟层和实体层），宏基站小区作为虚拟层，虚拟宏小区承载控制信令，负责移动性管理；实体微基站小区作为实体层，微小区承载数据传输。该技术可通过单或者多载波实现；单载波方案通过不同的信号或者信道构建虚拟多层网络；多载波方案通过不同的载波构建虚拟多层网络，将多个物理小区（或多个物理小区上的一部分资源）虚拟成一个逻辑小区。虚拟小区的资源构成和设置可以根据用户的移动、业务需求等动态配置和更改。虚拟层和以用户为中心的虚拟小区可以解决超密集组网中的移动性问题。

图 5-24　虚拟层技术原理

5.5.1　UDN规划

5G 网络规划主要针对广域覆盖、热点大容量、低时延、高可靠性、大规模 MTC 等业务网络形式。每种形式的特点是：第一，对于移动广域覆盖业务场景的网络形式，以覆盖宏蜂窝基站集群为主要形式，支持高移动性，集中部署核心网功能，将无线资源管理功能下沉到宏蜂窝和基站集群，以及基站集群场景下的基站，结合干扰协调需求，实现了基于独立模块的集中式增强资源协同管理。第二，对于热点大容量业务场景的网络形式，微蜂窝可以补充热点容量，结合大规模天线、高频通信等无线技术；核心网控制面集中部署在宏微小区集群场景中，强干扰源协同管理，小规模移动性管理汇聚到无线端，用户接口网关、业务使能器和边缘计算汇聚到接入网侧，实现本地业务分流和快速内容分发。第三，对于低时延、高可靠性业务场景的网络形式，集中了通用控制功能和大规模移动性相关功能，系统功能向无线端下沉，用户接口网关、内容缓存、边缘计算向无线端下沉，实现快速的业务终止和分发，支持被控制设备之间通过网络直接通信。第四，针对大规模 MTC 业务场景的网络形式，根据 MTC 业务定制和定制网络控制功能，增加 MTC 信息管理、策略控制 MTC 安全、简化移动性管理等通用控制模块，汇聚用户界面网关，增加聚合网关，实现对海量终端的网络接入和数据聚合服务，在薄弱和盲区提供基于覆盖增强技术的网络连接服务。

5G 规划覆盖重要发展方向是精细化超密集组网。根据不同的场景需求，采用多系统、多分层、多小区、多载波方式进行组网，满足不同的业务类型需求。采用 UDN 部署的应用场景如表 5-1 所示。

表 5-1　采用 UDN 部署的应用场景

应用场景	室内、外属性	
	站点位置	覆盖用户位置
办公室	室内	室内
密集住宅	室外	室内、室外
密集街区	室内、室外	室内、室外
购物中心	室内、室外	室内、室外
校园	室内、室外	室内、室外
大型集会	室外	室外
体育场馆	室外、室内	室外、室内
地铁	室内	室内

未来 5G 站点规划可在现有 4G 站点上增加 5G 站点，由于 5G 频段比 4G 高，需要增加

弱覆盖区域的站点规划，在业务热点区域采用密集组网的方式解决覆盖和容量问题，如图5-25 所示。

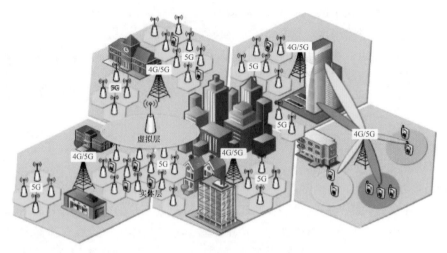

图 5-25   UDN 组网示意图

从图 5-25 可以看出，5G 网络采用 HetNet 部署，5G 同时也支持全频段接入，低频段提供广覆盖能力，密集组网采用高频段，从而提供高速无线数据接入能力。根据工信部现有频谱划分 3.3~3.6GHz 和 4.8~5GHz 的低频为 5G 的优选频段，解决覆盖的问题，高频段如28GHz 和 73GHz 邻近频段主要用于提升流量密集区域的网络系统容量。但高频段穿墙损耗非常大，不适合用于室外到室内的通信覆盖场景。

5.5.2   UDN的主要问题

在热点高容量密集场景下，无线环境复杂且干扰多变，基站的超密集组网可以在一定程度上提高系统的频谱效率，并通过快速资源调度可以快速进行无线资源调配，提高系统无线资源利用率和频谱效率，但同时也带来了以下问题：

（1）系统干扰问题。在复杂、异构、密集场景下，高密度的无线接入站点共存可能带来严重的系统干扰问题，甚至导致系统频谱效率恶化。

（2）移动信令负荷加剧。随着无线接入站点间距进一步减小，小区间切换将更加频繁，会使信令消耗量大幅度激增，用户业务服务质量下降。

（3）系统成本与能耗。为了有效应对热点区域内高系统吞吐量和用户体验速率要求，需要引入大量密集无线接入节点、丰富的频率资源及新型接入技术，需要兼顾系统部署运营成本和能源消耗，尽量使其维持在与传统移动网络相当的水平。

（4）低功率基站即插即用。为了实现低功率小基站的快速灵活部署，要求具备小基站即插即用能力，具体包括自主回传、自动配置和管理等功能。

5.5.3   UDN的关键技术

1. 多连接技术

对于宏微异构组网，微基站大多在热点区域局部部署，微基站或微基站簇之间存在非连续覆盖的空洞。因此对于宏基站来说，除了要实现信令基站的控制面功能，还要视实际部署需要，提供微基站未部署区域的用户面数据承载。多连接技术的主要目的在于实现 UE（用户终端）与宏微多个无线网络节点的同时连接。不同的网络节点可以采用相同的无线接入技术，也可以采用不同的无线接入技术。因宏基站不负责微基站的用户面处理，因此不需要宏微小区之间实现严格同步，降低了对宏微小区之间回传链路性能的要求。在双连接模式下，宏基站作为双连接模式的主基站，提供集中统一的控制面；微基站作为双连接的辅基站，只提供用户面的数据承载。辅基站不提供与 UE 的控制面连接，仅在主基站中存在对应 UE 的 RRC（无线资源控制）实体。主基站和辅基站对 RRM（无线资源管理）功能进行协商后，辅基站会将一些配置信息通过 X2 接口传递给主基站，最终 RRC 消息只通过主基站发送给 UE。UE 的 RRC 实体只能看到从一个 RRU（射频单元）实体发送来的所有消息，并且 UE 只能响应这个 RRC 实体。用户面除了分布于微基站，还存在于宏基站。由于宏基站也提供了数据基站的功能，因此可以解决微基站非连续覆盖处的业务传输问题。

2. 无线回传技术

现有的无线回传技术（见图 5-26）主要是在视距传播环境下工作，主要工作在微波频段和毫米波频段，传播速率可达 10Gbit/s。当前无线回传技术与现有的无线空口接入技术使用的技术方式和资源是不同的。在现有网络架构中，基站与基站之间很难做到快速、高效、低时延的横向通信。基站不能实现理想的即插即用，部署和维护成本高昂，其原因是受基站本身条件的限制，另外底层的回传网络也不支持这一功能。为了提高节点部署的灵活性，降低部署成本，利用与接入链路相同的频谱和技术进行无线回传传输能解决这一问题。在无线回传方式中，无线资源不仅为终端服务，还为节点提供中继服务。

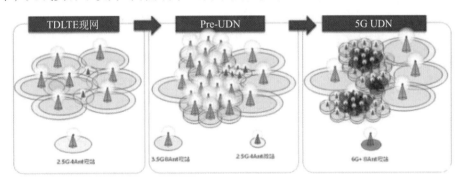

图 5-26　无线回传技术

无线回传方式中，相同的无线网络资源被共享，同时提供终端接入和节点回传，需接入和回传统一的高频段移动通信系统，相应需要对无线回传组网方式、无线资源管理及高频段无线接入与移动回传等构建统一的空口、分级/分层调度机制的设计。UDN 网络中节点之间的距离减少，导致存在同频干扰、共享频谱干扰、不同覆盖层次之间的干扰，同时，邻近节点传输损耗差别小，导致多个干扰源强度相近，网络性能恶化，需通过采用多点协同（Coordinated Multipoint，CoMP）等对多个小区间集中协调处理，实现小区间干扰的减弱、消除，甚至加以利用，使得 UDN 网络干扰系统转化为近似无干扰系统。

因此 5G 网络规划采用低频段广覆盖、高频段解决热点高业务流量区域，同时采用超密集组网方式来解决覆盖，提升频谱效率和业务速率，同时采用无线回传的方式解决传输工程建设难实施的问题。

5.6 网络切片

众所周知，未来 5G 网络的业务场景当中涉及物联网，而物联网所带来的"万物互联"，将在网络中引入大量的连接终端，为了能够更好地为这些终端分配相关业务及管理它们，就需要依靠 5G 网络切片来实现。那么，什么是 5G 网络切片？它又是如何实现的呢？

5.6.1 什么是网络切片

在了解 5G 网络切片之前，首先要知道什么是网络切片。提到"网络切片"这个词，很多人会联想到"切片面包"，不错，相信大家都应该吃过，人们可以通过在切片面包之间夹上不同的食材来满足自己对味蕾的不同需求。

实际上，网络切片跟切片面包很相似，它其实就是将一个物理网络切割成多个虚拟的端到端的网络，每一个切片都可获得逻辑独立的网络资源，且各切片之间可相互绝缘。因此，当某一个切片中产生错误或故障时，并不会影响其他切片。而 5G 切片，就是将 5G 网络切出多张虚拟网络，从而支持更多业务。所以总结一下，网络切片就是根据不同业务应用对用户数、QoS、带宽的要求，将物理网络切成多张相互独立的逻辑网络。

如果说 4G 网络是一把刀，足可削铁如泥、吹毛断发。那么，5G 网络就是一把瑞士军刀，灵活方便，具有多功能用途，如图 5-27 所示。

4G   5G

图 5-27　4G 与 5G 网络的形象比喻

4G 网络主要为智能手机而生。进入 5G 时代，将面临"下一件大事（the next big thing）"——物联网。无物不联的时代，将有大量的设备接入网络，这些设备分属不同的工业领域，它们具有不同的特点和需求。换句话说，它们对于网络的移动性、安全性、时延、可靠性，甚至是计费方式的需求是不同的。所以，5G 网络必须得像瑞士军刀一样灵活方便且具有多功能性。

举两个例子。

在森林防火的物联网应用中，分布于森林的大量传感器用于检测温度、湿度和降水，它们是静止不动的，它们并不需要像智能手机一样需要切换、位置更新等移动性管理。一份 Nokia 的报告显示，预计 5G 网络中有 70% 的设备是静止不动的，而移动用户仅占 30%，如图 5-28 所示。

Nokia，2015

图 5-28　NOKIA 报告

当 5G 应用于无人驾驶、远程机器人控制等领域中，则要求超低的端到端时延，这个时延比智能手机无线上网的时延要低得多，通常不能超过几毫秒。

所以，面向不同的应用领域，5G 网络得像瑞士军刀一样具有多功能性。怎么办？当全世界都在谈 5G 的时候，通信业界里谈论得最多的是 5G 网络切片技术（Network Slicing）。网络切片已成为中国移动，韩国 KT、SK 电信，日本 KDDI 和 NTT，以及爱立信、诺基亚、华为等设备商公认的最理想的 5G 网络构架。每个虚拟网络就像是瑞士军刀上的钳子、锯子一样，具备不同的功能特点，面向不同的需求和服务。或者可以这么说，就像你安装计算机的时候，将你的物理硬盘分区，划分成 C 盘、D 盘、E 盘……

5.6.2 网络切片三大应用场景

5G 网络切片的应用场景可以划分为三类：移动宽带、海量物联网（Massive IoT）和任务关键性物联网（Mission-critical IoT）。

如表 5-2 所示，5G 网络切片的三类应用场景的服务需求是不一样的：

（1）移动宽带。5G 时代将面向 4K/8K 超高清视频、全息技术、增强现实 / 虚拟现实等应用，移动宽带的主要需求是更高的数据容量。

（2）海量物联网。海量传感器部署于测量、建筑、农业、物流、智慧城市、家庭等领域，这些传感器设备是非常密集的，大部分是静止的。

（3）任务关键性物联网。任务关键性物联网主要应用于无人驾驶、自动工厂、智能电网等领域，主要需求是超低时延和高可靠性。

表 5-2 网络切片的三大应用场景

应用场景	应用举例	需求
移动宽带	4K/8K超高清视频、全息技术、增强现实 / 虚拟现实	高容量视频存储
海量物联网	海量传感器（部署于测量、建筑、农业、物流、智慧城市、家庭等）	大规模连接（200000/km²）大部分静止不动
任务关键性物联网	无人驾驶、自动工厂、智能电网等	低时延，高可靠性

4G 网络主要服务于人，连接网络的主要设备是智能手机，不需要网络切片以面向不同的应用场景，如图 5-29 所示。

5G 时代，不同领域的不同设备大量接入网络，网络将面向三类应用场景：移动宽带、海量物联网和任务关键性物联网，如图 5-30 所示。

那么网络切片呢？由于并不需要为每一类应用场景构建一个网络，所以，它不是这样的……如图 5-31 所示。

要做的是，将一个物理网络分成多个虚拟的逻辑网络，每一个虚拟网络对应不同的应用场景，这就叫网络切片，如图 5-32 所示。

图 5-29　4G 网络

图 5-30　5G 网络

图 5-31　多功能的 5G 网络

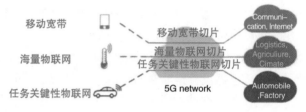

图 5-32　网络切片

5.6.3　网络切片实际网络部署

在实际的网络部署中是怎么做的呢?

1. 5G 无线接入网和核心网:NFV

目前 4G 网络中主要终端设备是手机,网络中的无线接入网部分 [包括数字单元(DU)和射频单元(RU)] 和核心网部分都采用设备商提供的专用设备,如图 5-33 所示。

图 5-33　4G 网络专用设备

为了实现 5G 网络切片,网络功能虚拟化(Network Function Virtualization,NFV)是先决条件。本质上讲,所谓 NFV,就是将网络中的专用设备的软硬件功能(比如核心网中的 MME、S/P-GW 和 PCRF,无线接入网中的数字单元 DU 等)转移到虚拟主机(VMs,Virtual Machines)上。这些虚拟主机是基于行业标准的商用服务器,它们是 COTS 商用现成产品，低成本且安装简便，简单地说，就是用基于行业标准的服务器、存储和网络设备，来取代网络中的专用的网元设备。

网络经过功能虚拟化后，无线接入网部分叫边缘云（Edge Cloud），而核心网部分叫核心云（Core Cloud）。边缘云中的 VMs 和核心云中的 VMs，通过 SDN（软件定义网络）互联互通，如图 5-34 所示。

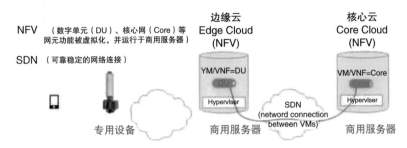

图 5-34　5G 网络功能虚拟化

这样，网络采用 NFV 和 SDN 后，执行切片就非常容易了，像切面包一样水平地将网络"切"成多个虚拟子网络（片）就可以了。

如图 5-35 所示，针对不同的应用场景，网络被"切"成 4 "片"：

（1）高清视频切片：原来网络中数字单元（DU）和部分核心网功能被虚拟化后，加上存储服务器，统一放入边缘云；而部分被虚拟化的核心网功能放入核心云。

（2）手机切片：原网络无线接入部分的数字单元（DU）被虚拟化后，放入边缘云；而原网络的核心网功能，包括 IMS，被虚拟化后放入核心云。

（3）海量物联网切片：由于大部分传感器都是静止不动的，并不需要移动性管理，在这一切片里，核心云的任务相对轻松简单。

（4）任务关键性物联网切片：由于对时延要求很高，为了最小化端到端时延，原网络的核心网功能和相关服务器均下沉到边缘云。

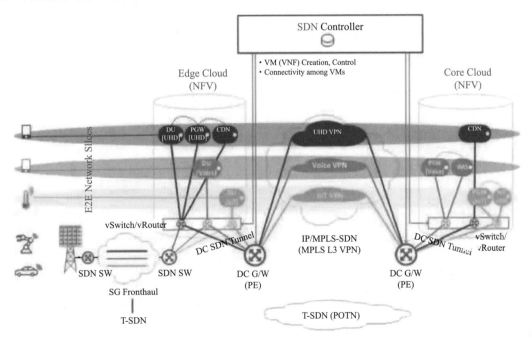

图 5-35　网络切片应用场景

网络结构如图 5-36 所示。

当然，网络切片技术并不仅限于这几类切片，它是灵活的，运营商可以随心所欲的根据应用场景定制自己的虚拟网络。

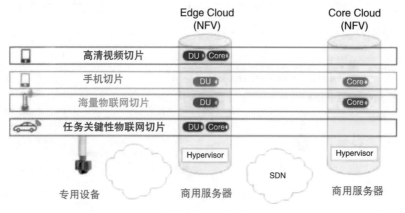

图 5-36　网络结构

2. 边缘云与核心云的连接：IP/MPLS-SDN

5G 切片网络通过 SDN 连接边缘云和核心云里的 VMs。核心云里有虚拟化的服务器，服务器的 Hypervisor 里运行着内置的 vRouter/vSwitch，SDN 控制器负责在虚拟服务器与 DC G/W 路由器之间创建 SDN tunnels，随后，SDN 控制器执行 SDN tunnels 和 MPLS L3 VPN 之间的映射，从而建立核心云与边缘云之间的连接。

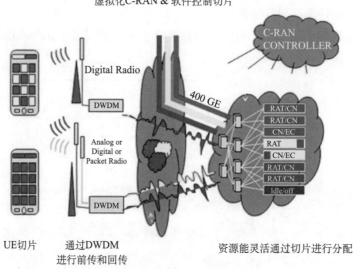

图 5-37　G C-RAN 网络切片

3. 边缘云与基站射频单元的网络切片

现在来到前传部分。如何完成 5G 射频单元（RU）与边缘云之间（前传）部分的切片？首先需要定义 5G 前传的标准，目前并没有统一的标准。图 5-38 是国际电信联盟（ITU）5G 移动通信标准研究小组（Focus Group on IMT-2020）曾提出的一个虚拟化前传的结构图，有兴趣可以看看。

这就是 5G 网络切片技术，有了它，5G 才会成为无线网络领域锋利的瑞士军刀。

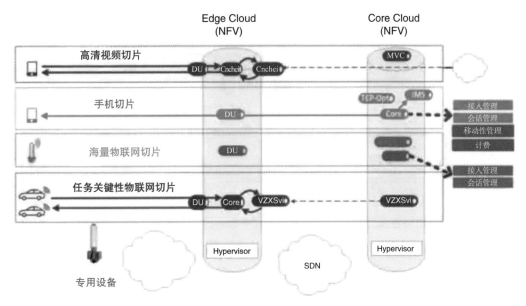

图 5-38　虚拟化前传结构图

5.7　D2D

近年来，大量智能终端设备不断增加，满足用户特定需求的新型通信业务也呈爆发趋势。移动通信承载的数据流量爆炸式增长与无线频谱资源短缺的矛盾日益凸显。因此，如何有效地提高网络容量，提高无线频谱利用率，改善不同通信方式下的终端用户体验成为一项迫切的任务。

作为面向 5G 关键候选技术之一的 D2D 通信技术，在依托未来移动通信技术的超高速率、超大带宽、超大规模接入能力和超大数据处理能力等特征的基础上，将在 5G 移动通信运用中充分彰显自身的核心技术优势。

5.7.1　什么是D2D

D2D 即 Device-to-Device，也称为终端直通。D2D 通信技术是指两个对等的用户节点之间直接进行通信的一种通信方式。在由 D2D 通信用户组成的分散式网络中，每个用户节点都能发送和接收信号，并具有自动路由（转发消息）的功能。网络的参与者共用它们所拥有的一部分硬件资源，包括信息处理、存储及网络连接能力等。这些共用资源向网路提供服务和资源，能被其他用户直接访问而不需要经过中间实体。在 D2D 通信网络中，用户节点同时扮演伺服器和客户端的角色，用户能够意识到彼此的存在，自组织地构成一个虚拟或者实际的群体。

图 5-39 是 D2D 通信系统的示意图，途中终端可以自主发现周围设备，利用终端间良好的信道质量，实现高速的直连数据传输，D2D 可以分为小区内的 D2D 和小区间的 D2D 两种，

这两种 D2D 通信均受基站的控制。

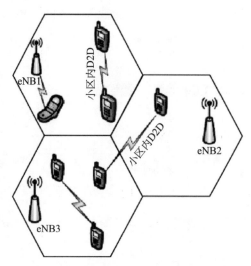

图 5-39　D2D 通信系统的示意图

需要指出的是 D2D 系统不同于 P2P 系统，P2P 可以做到全分布式，网络中可以不存在任何控制节点；而 D2D 系统在控制面实际上还是沿用现有的蜂窝架构，即相关的控制信令，如会话的建立、维持、无线资源分配，以及计费、鉴权、识别、移动性管理等仍由蜂窝网络负责。制式 D2D 的数据面直接在终端之间进行传输，不需要通过基站转发。D2D 允许终端之间通过复用小区资源直接进行通信，能够增加蜂窝通信系统频谱效率，降低终端发射功率，在一定程度上解决无线通信系统频谱资源匮乏的问题。

5.7.2　D2D通信技术有哪些优势

1. 大幅度提高频谱利用率
在该技术的应用下，用户通过 D2D 进行通信连接，避开了使用蜂窝无线通信，因此不使用频带资源。而且，D2D 所连接的用户设备可以共享蜂窝网络的资源，提高资源利用率。

2. 改善用户体验
随着移动互联网的发展，相邻用户进行资源共享、小范围社交及本地特色业务等，逐渐成为一个重要的业务增长点。D2D 在该场景的应用是可以提高用户体验的。

3. 拓展应用
传统的通信网需要进行基础设置建设等，要求较高，设备损耗会影响整个通信系统。而D2D 的引入使得网络的稳定性增强，并具有一定灵活性，传统网络可借助 D2D 进行业务拓展。

5.7.3　D2D挑战

5G 中采用 D2D 也面临一些挑战。首先，D2D 和蜂窝通信的切换成为比较突出的问题，当终端距离不足以维持近距离通信，或者 D2D 通信条件满足时，如何进行 D2D 通信模式和蜂窝通信模式的最优选择切换需要解决；其次，需要考虑 D2D 小区干扰，当小区内或者小区之间进行 D2D 通信，会对其他用户和小区基站造成不可避免的干扰，如何进行干扰协调，是 D2D 需要解决的问题。

5.8　C-RAN

C-RAN（Centralized，Cooperative，Cloud and clean RAN）的基本定义是：基于分布式拉远基站，云接入网 C-RAN 将所有或部分的基带处理资源（即各个 BBU 资源）进行集中，形成一个基带资源池并对其进行统一管理与动态分配，在提升资源利用率、降低能耗的同时，通过更容易的相互协作技术有效提升网络性能。

通过近些年的研究，C-RAN 的概念也在不断演进，尤其是针对 5G 高频段、大带宽、多天线、海量连接和低时延等需求，通过引入集中和分布单元 CU/DU（Centralized Unit/ Distributed Unit）的功能重构及下一代前传网络接口 NGFI（Next-generation Fronthaul Interface）前传架构。云接入网（C-RAN）是中国移动通信研究院在 2009 年提出的，自提出以来得到了国内外的巨大关注，广大标准组织、运营商和设备商都积极参与其中。

如图 5-40 所示，C-RAN 架构包括：一是由远端无线射频单元（Radio Remote Unit，RRU）和天线组成的分布式无线网络；二是高带宽、低时延的光传输网络；三是由高性能通用处理器和实时虚拟技术组成的集中式基带资源池，即多个 BBU（Base Band Processing Unit）集中在一起，由云计算平台进行实时大规模信号处理，从而实现了 BBU 池。

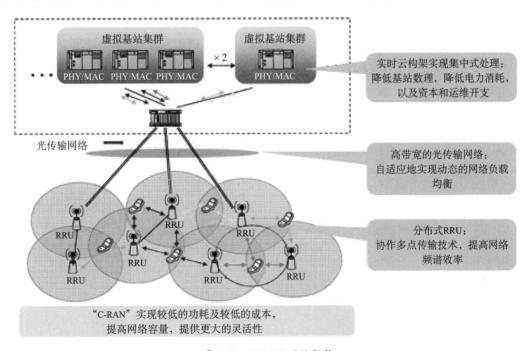

图 5-40　C-RAN 网络架构

其中，高带宽、低时延的光传输网络将所有的基带处理单元和远端射频单元之间连接起来；基带资源池由通用高性能处理器构成，通过实时虚拟技术连接在一起，并具有非常强大的处理能力。

5.8.1　C-RAN的原理

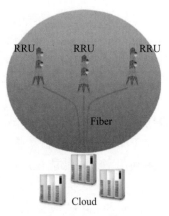

图 5-41　C-RAN 网络架构

如图 5-41 所示，C-RAN 采用云计算的理念，设计了集中式基带云的架构，将 BBU 集中化，实时处理效率就越高，协作增益也就越大（多点协作会更容易），更易减小重叠覆盖的干扰，在提高能量效率和频谱效率方面具有显著的技术优势。

C-RAN 充分利用低成本高速光传输网络，直接在远端天线和集中化的中心节点间传送无线信号，以构建覆盖上百个基站服务区域，甚至上百平方公里的无线接入系统。C-RAN 架构采用了协同技术，能够减少干扰，降低功耗，提升频谱效率，同时便于实现动态使用的智能化组网，集中处理降低了成本，而且便于维护，减少运营支出。

5.8.2　C-RAN组网的优势

C-RAN 中的 C 其实代表了四层含义，分别是 Centralized（集中化）、Cooperative（协作）、Cloud（云化）、Clean（清洁）。

（1）集中化：传统 4G C-RAN 集中化是一定数量的 BBU 被集中放置在一个大的中心机房。随着 CU/DU 和 NGFI 的引入，5G C-RAN 逐渐演变为逻辑上两级集中的概念，第一级集中沿用 BBU 放置的概念，实现物理层处理的集中，这对降低站址选取难度、减少机房数量、共享配套设备（如空调）等具有显而易见的优势。可选择合适的应用场景，有选择地进行小规模集中（比如百载波量级）。第二级集中是引入 CU/DU 后，无线高层协议栈功能的集中，将原有的 eNodeB 功能进行切分，部分无线高层协议栈功能被集中部署，如图 5-42 所示。

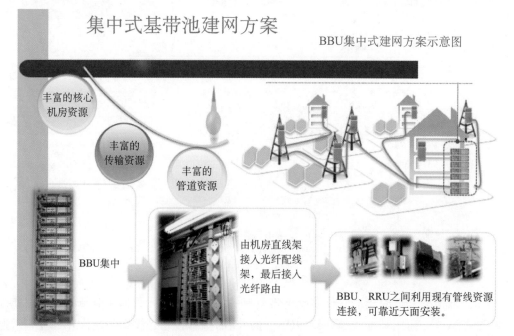

图 5-42　集中式基带池建网方案

（2）协作：对应于两级集中的概念，第一级集中是小规模的物理层集中，可引入 CoMP、D-MIMO 等物理层技术实现多小区 / 多数据发送点间的联合发送和联合接收，提升小区边缘频谱效率和小区的平均吞吐量；第二级集中是大规模的无线高层协议栈功能的集中，可借此作为无线业务的控制面和用户面锚点，未来引入 5G 空口后，可实现多连接、无缝移动性管理、频谱资源高效协调等协作化能力，如图 5-43 所示。

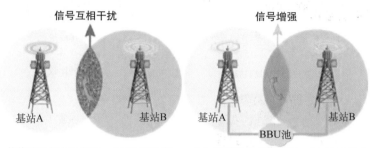

图 5-43　C-RAN 建设方式

（3）云化：云化的核心思想是功能抽象，实现资源与应用的解耦。无线云化有两层含义：一方面，全部处理资源可属于一个完整的逻辑资源池。资源分配不再像传统网络那样是在单独的基站内部进行的，而是基于 NFV 架构，资源分配是在"池"的层面上进行的，可以最大限度地获得处理资源的复用共享（如：潮汐效应），降低整个系统的成本，并带来功能的灵活部署优势，从而实现业务到无线、端到端的功能灵活分布，可将移动边缘计算 MEC（Mobile Edge Computing）视为无线运化带来的灵活部署方式的应用场景之一。另一方面，空口的无线资源也可以抽象为一类资源，实现无线资源与无线空口技术的解耦，支持灵活无线网络能力调整，满足特定客户的定制化要求（如：为集团客户配置专有无线资源实现特定区域的覆盖）。因此，在 C-RAN 网络里，系统可以根据实际业务负载、用户分布、业务需求等实际情况动态实时调整处理资源和空口资源，实现按需的无线网络能力，提高新业务的快速部署能力，如图 5-44 所示。

图 5-44　云计算为 C-RAN 提供强大的基带处理能力

（4）清洁：利用集中化、协作化、无线云化等能力，减少运营商对无线机房的依赖，降低配套设备和机房建设的成本与整体综合能耗，也实现了按需的无线覆盖调整和处理资源调整，在优化无线资源利用率的条件下提升了全系统的整体效能比，如图 5-45 所示。

一站点一年节省的电量相当于减少5吨二氧化碳的排放量

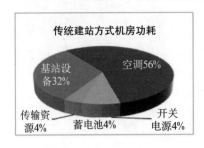

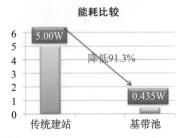

图 5-45　降低整体综合能耗

第6章 5G网络部署与实施

6.1 5G设计要点

6.1.1 5G信道建模

链路预算是网络预设计的重要手段之一。在链路预算过程中,运营商应充分考虑从发送端到接收端信号可能的增益和损耗。根据无线技术对接收信号大小的要求,确定前后链路能承受的最大链路损耗,根据修正后的传播模型,以最大链路损耗为限制条件,以及为保证一定的通信可靠性的要求所预留出的链路余量,确定目标规划区域所需的小区半径和小区数。由此可见,在复杂多变的无线通信环境中,选择合适的传播模型,准确地预测路径损耗对于链路预算是非常重要的。

根据传播模型的适用范围,可以将传播模型分为大尺度传播模型和小尺度传播模型。前者用于预测较长距离接收信号强度的平均值,后者用于描述短距离接收信号强度的瞬时波动。如果按照通信模型的适用环境进行划分,可以分为室外通信模型和室内通信模型。通信模型也可以根据数据源进行划分,具体来说可以分为三种类型:经验模型、半经验或半确定性模型和确定性模型。其中,经验模型是对大量测量结果进行统计分析得出的公式;半经验或半确定性模型是基于将确定性方法应用于一般城市或室内环境得出的公式;确定性模型是将电磁场理论直接应用于特定的现场环境而得到的公式。

由于确定性模型的应用比较复杂,计算量大,实际中应用较少,目前广泛使用的几种传播模型,均属于经验模型的范畴。

1.传播模型

(1)Okumura 模型。Okumura 模型为预测城区信号时使用最广泛的模型。应用频率在 150MHz 到 1920MHz 之间(可扩展到 3000MHz),收发距离为 1km 到 100km,天线高度在 30m 到 1000m 之间。该模型由 Okumura(奥村)等人在日本东京使用不同的频率、不同的天线高度,选择不同的距离进行一系列测试,最后绘成经验曲线构成的模型。

Okumura 模型开发了一套在准平滑城区,基站有效天线高度 H_b 为 200m,移动台天线高度 H_m 为 3m 的空间中值损耗 $A_m(f,d)$ 曲线。基站和移动台均使用自由垂直全方向天线,从测量结果得到这些曲线,并画成频率从 100MHz 到 1920MHz 的曲线和距离从 1km 到 100km 的曲线。使用 Okumura 模型确定路径损耗,首先确定自由空间路径损耗,然后从曲线中读出 $A_m(f,d)$ 值,并加入代表地物类型的修正因子。Okumura 模型中准平滑地形大城市地区的中值路径损耗由下式给出

$$L_T(\text{dB}) = L_{fs} + A_m(f,d) - H_b(h_b,d) - H_m(h_m,f)$$

其中，L_{fs} 为自由空间传播损耗；$A_m(f,d)$ 为大城市中值损耗（当基站天线高度 h_b=200m、移动台天线高度 h_m=3m 时），相当于自由空间的中值损耗，又称基本中值损耗；$H_b(h_b,d)$ 为基站天线高度增益因子，即实际基站天线高度相对于标准天线高度 h_b=200m 的增益，为距离的函数；$H_m(h_m,f)$ 为移动台天线高度增益因子，即实际移动台天线高度相对于标准天线高度 h_m=3m 的增益，为频率的函数。Okumura 模型完全基于测试数据，不提供任何分析解释。对许多情况，通过外推曲线来获得测试范围以外的值，但这种外推法的正确性依赖于环境和曲线的平滑性。Okumura 模型为成熟的蜂窝和陆地移动无线系统路径预测提供最简单和最精确的解决方案。但这种模型的主要缺点是对城区和郊区快速变化的反应较慢。预测和测试的路径损耗偏差为 10dB 到 14dB。

在计算各种地形、地物上的传播损耗时，均以中等起伏地上市区传播损耗的中值或场强中值作为基准，因而将其称作基准中值或基本中值。

如果 $A_m(f,d)$ 曲线是在基准天线高度下测的，即基站天线高度 h_b=200m，移动台天线高度 h_m=3m，那么中等起伏地上市区实际传播损耗（L_T）应为自由空间的传播损耗 L_{fs} 加上基本中值 $A_m(f,d)$，即：

$$L_T = L_{fs} + A_m(f,d)$$

如果基站天线高度 h_b 不是 200m，则损耗中值的差异用基站天线高度增益因子 $G(h_b)$ 表示，当移动台高度不是 3m 时，需用移动天线高度增益因子 $G(h_m)$ 加以修正。中等起伏地上市区实际传播损耗（L_T）为：

$$L_T = L_F + A_m(f,d) - G(h_b) - G(h_m)$$

对于任意地形地区的传播损耗的中值，任意地形地区的传播损耗修正因子 K_T 一般可写成：

$$K_T = K_{mr} + Q_0 + Q_r + K_h + K_{js} + K_{sp} + K_s$$

根据实际的地形地物情况，修正因子可以为其中的某几项，其余为零。

任意地形地区的传播损耗的中值：

$$K = L_T - K_T$$

式中，$L_T = L_F + A_m(f,d) - G(h_b) - G(h_m)$。

（2）Hata 模型。Hata 模型也是广泛使用的一种传播模型，适用于宏蜂窝的路径损耗预测。在模型中，路径损耗计算公式中的参数，如工作频率、天线有效高度、距离、覆盖区类型等容易获取，因此该模型在实际中也被广泛使用。根据应用频率的不同，Hata 模型又分为 Okumura-Hata 模型和 Cost-231 Hata 模型。前者适用的频率范围为 150~1500MHz，后者是 Cost-231 工作委员会提出的将频率扩展到 2GHz 的模型扩展版本。

Okumura-Hata 模型是根据测试数据统计分析得出的经验公式，应用频率在 150MHz 到 1500MHz 之间，并可扩展至 3000MHz；适用于小区半径大于 1km 的宏蜂窝系统，作用距离从 1km 到 20km 经扩展可延伸至 100km；基站有效天线高度在 30m 到 200m 之间，移动台有效天线高度在 1m 到 10m 之间。

Okumura-Hata 模型路径损耗计算的经验公式为：

$$L_p(\text{dB}) = 69.55 + 26.16\lg f_c - 13.82\lg h_{te} - \alpha(h_{re}) + (44.9 - 6.55\lg h_{te})\lg d + C_{cell} + C_{terrain}$$

式中，f_c（MHz）为工作频率；h_{te}（m）为基站天线有效高度，定义为基站天线实际海拔高度与天线传播范围内的平均地面海拔高度之差；h_{re}（m）为终端有效天线高度，定义为终端天线高出地表的高度；d（km）为基站天线和终端天线之间的水平距离；$\alpha(h_{re})$ 为有效天线修正因子，是覆盖区大小的函数，其数字与所处的无线环境相关，参见以下公式。

$$\alpha(h_m) = \begin{cases} (1.1\lg f - 0.7)h_m - (1.56\lg f - 0.8)(\text{dB}), & \text{中、小城市} \\ 8.29(\lg 1.54 h_m)^2 - 1.1(\text{dB}), & f \leqslant 300\text{MHz，大城市} \\ 3.2(\lg 1.75 h_m)^2 - 4.97(\text{dB}), & f > 300\text{MHz，大城市} \end{cases}$$

C_{cell}：小区类型校正因子，即

$$C_{cell} = \begin{cases} 0, & \text{城市} \\ -2[(\lg f/28)]^2 - 5.4(\text{dB}), & \text{郊区} \\ -4.78(\lg f) - 18.33\lg f - 40.98(\text{dB}), & \text{乡村} \end{cases}$$

$C_{terrain}$：地形校正因子。地形校正因子反映一些重要的地形环境因素对路径损耗的影响，如水域、树木、建筑等。

Cost-231 Hata 模型也是以 Okumura 等人的测试结果为依据，通过对较高频段的 Okumura 传播曲线进行分析得到的公式。

适用条件：①f 为 1500~2000MHz；②基站天线有效高度为 30~200m；③移动台天线高度为 1~10m；④通信距离为 1~35km。

传播损耗公式为

$$L(\text{dB}) = 46.3 + 33.9\lg f - 13.82\lg h_b - a(h_m) + (44.9 - 6.55\lg h_b)\lg d + C_{cell} + C_{terrain} + C_m$$

式中，主要参数的定义与 Okumura-Hata 相同，C_m 为大城市中心校正因子，当处在大城市中心时 C_m 取值为 3dB，处在中等城市和郊区时则为 0dB。

Cost-231 Hata 模型和 Okumura-Hata 模型主要的区别在于频率衰减的系数不同，Cost-231 Hata 模型为 33.9，Okumura-Hata 模型对应为 26.16。

（3）LEE 模型。LEE 模型的主要优点是参数易于根据测量值调整，适合本地无线传播环境，准确性高，以及路径损耗预测算法简单，计算速度快等。因此在实际网络中得到了广泛应用。

LEE 模型可分为宏蜂窝模型和微蜂窝模型。LEE 模型的基本思路是先把城市当成平坦的区域，只考虑人为建筑物的影响，在此基础上再把地形地貌的影响加进来。LEE 模型将地形地貌影响主要分为三种情况计算：无阻挡、有阻挡和水面反射。

无阻挡情况下，路径损耗公式如下：

$$P_r = P_{rl} - \gamma\log\frac{r}{r_0} + \alpha_0 + 20\log\frac{h_1'}{h_1} - n\log\frac{f}{f_0}$$

式中，r_0 为 1km，f_0 为 850MHz，h_1' 为天线有效高度，h_1 为天线实际高度，当 $f < f_0$ 时，$n=20$；当 $f > f_0$ 时，$n=30$。

有阻挡情况下，路径损耗公式如下：

$$P_r = P_{rl} - \gamma \log \frac{r}{r_0} + \alpha_0 + L(v) - n \log \frac{f}{f_0}$$

式中，$L(v)$ 为由山坡等地形引起的衍射损耗。

水面反射的情况下，路径损耗公式如下：

$$P_r - \alpha P_t G_t G_m (\lambda / 4\pi d)^2$$

式中，G_t 为基站天线增益，G_m 为移动台天线增益，λ 为波长，α 为移动无线通信环境下的衰减因子（$0 < \alpha < 1$），当 $\alpha=1$ 时，此时的路径损耗即自由空间路径损耗。

2. 4G/5G 链路预算及覆盖估算实例

当前，全球已进入 5G 商用部署的关键期。5G 引入了 C-band（3.4~4.9GHz）和毫米波段，从覆盖能力和产业支持度上来看，3.5G 频段会是 5G 初期建网的主力频段。5G 的频段更高，信号传播损耗大、信道变化快、绕射能力差。相比 4G，5G 采用更宽的频谱，更加灵活高效的空中接口技术及超大规模天线，具有明显的技术优势。在规划中，应充分考虑各项无线性能特点，量化 4G/5G 的上下行覆盖差异，指导 5G 建设。

（1）5G 与 4G 无线链路差异。5G 与 4G 无线网络规划方法基本一致，但 5G 与 4G 无线预算链路存在差异。现阶段 5G 链路预算多为 eMBB 场景，形式上与 4G 近似，相当于升级版本的 Pre5G。4G/5G 主要无线链路参数差异如表 6-1 所示。

表 6-1　4G/5G 无线链路参数差异表

参数	4G LTE	5G NR	Pro5G Massive MIMO
频段	TDD：1.9GHz/2.3GHz/2.6GHz/3.5GHz FDD：900MHz/1.8GHz/2.1GHz/2.6GHz	2.6GHz/3.5GHz/4.7GHz	TDD：2.3GHz/2.6GHz/3.5GHz FDD：1.8GHz
双工方式	TDD/FDD	TDD	TDD/FDD
产品架构	BBU+RRU	CU+DU+AAU	BBU+AAU
载波带宽	最大20M	3.5GHz/4.9GHz可达10M；>6GHz的毫米波可达400M	10M/15M/20M
子载波带宽	15k	3.5GHz考虑15kHz、30kHz、60kHz等多种子载波	15K
子帧结构	现网5ms转换下，DL：UL=3：1静态	帧结构存在更多选项，考虑2.5双周期支持静态、半静态和动态配置	—
基站发射功率	40W/60W/80W/120W	200W	TDD：40W/80W/120W FDD：80W
终端发射功率	23dBm	SA：26dBm/NSA：23dBm	23dBm
基站通道数	FDD：2T2R/4T4R TDD：2T2R/8T8R	16T16R/64T64R	TDD：64T64R FDD：32T32R

参数	4G LTE	5G NR	Pro5G Massive MIMO
基站侧天线振子数	—	192振子	128振子
基站侧天线单振元	—	16T16R：15dBi	TDD 64T64R：9dBi FDD 32T32R：12dBi
增益	17dBi	64T64R：10dBi	—
广播波束增益	广播波束为宽波束，MM有200+pattern组合（pattern&下倾），15~18dBi	广播波束支持窄波束，MM有更多pattern组合（pattern&数字下倾&水平&垂直波束），20dBi（典型）	15dBi（典型）
终端侧天线配置	1T2R	2T4R	1T2R
传播模型	Cost231-Hata	UMa/Cost231-Hata、3D射线跟踪模型（Rayce）	Cost231-hata
组网方式	独立组网	非独立组网NSA/独立组网SA	独立组网

以下对影响4G/5G无线覆盖性能的关键项，如空中接口技术、基站主设备、天线、移动终端、传播模型及穿透损耗进行详细对比。

①空中接口技术。5G取消了5MHz以下的小区带宽，大带宽是5G的典型特征。5G定义小区最大带宽与频段相关，Sub 6G小区最大小区带宽为100 MHz，毫米波最大小区带宽为400 MHz。以100 MHz小区带宽为例，Sub 6G是TD-LTE单小区20 MHz的5倍。

5G空口继承4G正交频分多址技术，同时引入更好的滤波技术，减少对保护带宽的要求，提升了频谱利用率。与LTE上行仅采用DFT-S-OFDM波形不同，NR上行同时采用CP-OFDM和DFT-S-OFDM两种波形，可根据信道状态自适应转换。CP-OFDM波形是一种多载波传输技术，在调度上更加灵活，在高信噪比环境下链路性能较好，适用于小区中心用户。

5G兼容LTE调制方式，同时引入比LTE更高阶的调制技术。R15版本最大调制效率可支持256QAM，后续版本会支持1024QAM，进一步提升频谱效率，提供更高的吞吐量。LTE业务信道采用Turbo码、控制信道采用卷积码。5G NR则在业务信道采用LDPC码、控制信道主要采用Polar码。LDPC码可并行解码，对高速业务支持好，Polar码则对小包业务编码性能突出。

相比于LTE采用相对固定的空口参数，5G NR设计了一套灵活的帧结构，加快上下行转换，减少等待时间。3.5G NR有0.5/1/2/2.5/5/10等多种帧长配置。子载波间隔可选择15kHz/30kHz/60kHz，子载波带宽增大，最小调度资源的时长（slot）减小。对应30kHz，slot为0.5ms，比4G slot的1ms减小0.5ms。uRLLC 0.5ms时延，30kHz子载波间隔将成为国内eMBB空口配置首选。5G初期采用TDD制式，上下行配比主要由上下行业务、覆盖决定，典型的时隙配比有：

- 2.5ms单周期，时隙配比4∶1（DDDSU）：推荐中国电信、中国联通采用。
- 2.5ms双周期，时隙配比7∶3（DDDSU+DDSUU）：推荐中国移动采用。
- 5ms单周期，时隙配比8∶2（DDDDDDDSUU）：推荐中国移动采用。

②基站主设备。5G RAN架构从4G的BBU和RRU两级结构演进到CU、DU和AAU三级结构。将4G的BBU基带部分拆分成CU和DU两个逻辑网元，而射频单元及部分基带物理层底层功能与天线构成AAU。5G组网方式更加灵活，满足5G需求的多样化，适合多场景组网。

目前多厂家典型 C-band 设备发射功率为 200W，即 53dBm。毫米波设备发射功率仅供参考，以厂家实际产品能力为准。

③天线。对比 4G，5G NR 采用 Massive MIMO 技术，天线数及端口数有大幅度增长。Massive MIMO 对每个天线进行加权，控制大规模的天线阵列，通过业务信道赋形方向动态调整和广播信道场景化波束扫描来实现增强覆盖。赋形增益可以补偿无线传播损耗，用于提升小区等多场景覆盖，如广域覆盖、深度覆盖、高楼覆盖。5G 射频模块与天线结合，一体化集成。3.5GHz 64T64R 配置，单极化天线增益规格为 24dBi，单通道天线增益为 10dBi，其中 14dB 为 BF 增益。4G 采用 2T2R，外接独立天线，增益 17dBi。

3.5G NR 天线垂直半功率角更大，因此在天线近点的场强和干扰抑制更好，特别是对于较高的站点，其覆盖特性差异更为明显。4G/5G 天线参数对比如表 6-2 所示。

表 6-2　4G/5G 天线参数对比参考

网络制式	工作频段/GHz	增益/dBi	水平半功率角/°	垂直半功率角/°
LTE	1.8	17	65	9
5G NR	3.5	24（含赋形增益）	120	22

④传播模型。电磁波的显著特点是频率越高，波长越短，越趋近于直线传播（绕射能力越差）。4G 常用的模型是 Cost-231。Cost-231 模型对 Okumura-Hata 模型进行了频率扩展使之适用到 2GHz 频段。

3GPP TR 36.873 定义了 3D 传播模型，不同场景对应不同尺度衰落模型，相比 Cost-231 模型，主要区别在于距离项修改为 3D 距离，引入街道宽度和平均建筑物高度因子。

TR 36.873 支持频率范围从 0.5GHz 到 6GHz，分为三种模型：Uma、Rma 和 Umi。Uma/Rma/Umi 适用频段 2~6GHz，TR 38.901 演变后扩展到 0.5~100GHz。因此，模型均适用于 5G 初期频段。

⑤穿透损耗。频率越高，在传播介质中的衰减也越大。根据 3GPP 对不同材质穿透损耗的理论公式，计算出 1.8GHz 和 3.5GHz 的损耗差异，如表 6-3 所示。

表 6-3　不同材质穿透损耗

材料	Penetration ldss/dB	f=1.8GHz	f=3.5GHz
普通玻璃	$L_{glass}=2+0.2f$	2.36	2.7
红外隔热玻璃	$L_{IIRglass}=23+0.3f$	23.54	24.05
水泥墙	$L_{cincrete}=5+4f$	12.2	19
木板	$L_{wood}=4.85+0.12f$	5.066	5.27

可以看到，3.5GHz 与 1.8GHz 在普通外墙材质的穿透损耗差异为 6dB 左右。

⑥移动终端。与 4G 终端相比，面对多样化场景的需求，5G 终端向形态多样化与技术性能差异化方向发展。5G 初期的终端产品形态以 eMBB 场景为主。NSA 非独立部署支持双发终端，SA 独立部署支持单发或双发。

（2）5G 与 4G 无线覆盖差异。与 4G 相比，5G 具有大带宽、灵活高效的空中接口技术及超大规模天线，具有明显的技术优势。但从频率上，5G 引入 C-band 及毫米波，加大了空中传播及穿透损耗，给规划带来难度与挑战。从覆盖能力和产业支持度上来看，3.5GHz 频段会是 5G 初期建网的主力频段。下面以 5G 3.5GHz 为例，对比 4G/5G 上下行链路，评估无线覆盖能力。

①下行覆盖能力差异。受益于 5G NR 的大带宽、天线技术与终端提升，3.5GHz 的下行覆盖能力优于 4G 1.8GHz，理论计算比 4G 1.8GHz 强 5.8dB 左右。

注：天线增益仅为单个 TRX 的天线增益，每个 TRX 天线增益为 10 dBi，其中 14 dB 为 BF 增益，体现在解调门限里，不在天线增益里体现。

NR 的 3D MIMO 技术相对 LTE 在立体覆盖上具有优势，结合波束赋形的高增益特性，在一定程度上弥补了 3.5GHz 频段传播能力不足的情况。新建 5G 站点时，以波束最大增益方向覆盖小区边缘，垂直面有多层波束时，原则上以最大增益覆盖小区边缘。

②上行覆盖能力差异。3.5G NR 较 LTE 上行传播损耗更大，到达基站接收端的可用功率更低，深度覆盖情况下上行功率只能支持较少 RB，造成 NR 高带宽、高阶调制、多流等优势无法生效，且由于 NR 采用 TDD 方式，相对 FDD 系统，上行覆盖能力存在明显劣势，理论计算比 4G 1.8GHz 弱 10.4dB。

根据理论计算，采用上下行分离，将 NR 上行部署在 LTE 低频（1800MHz）存量频段，与 L 1800 动态共享，可提升上行覆盖，效果与 L 1.8G 基本一致。

结论：5G 相比 4G 具有明显的技术优势，受益于 NR 的大带宽、天线技术与终端提升，5G 3.5GHz 的下行覆盖能力优于 1.8GHz。5G 网络初期主要频率部署在 C-band 中频段，空间损耗、传播损耗较 4G 频率大。5G 3.5GHz 的覆盖瓶颈在上行，采用高功率终端、大规模天线及波束赋形、上行增强等技术可有效缓解上下行覆盖不对称。中国移动 5G 网络主要采用 2.6GHz 频段，5G 覆盖能力理论与 4G 网络 D 频段相当，现有 4G 站址密度基本满足 5G 覆盖需求。中国联通和中国电信 5G 网络采用 3.5GHz 频段，网络覆盖能力弱于现有 4G 网络，现有站址密度无法满足 5G 覆盖需求，应根据网络覆盖需求引导 5G 建设，如要实现 1∶1 共站址规划，可使用低频资源进行上行传输，解决上行覆盖受限的问题。运营商 5G 初期规划应重点关注覆盖、速率，后续还需关注其他影响业务体验的指标。

3. 毫米波信道模型

3GPP 于 2007 年 8 月公布 0.5~100GHz 信道模型的技术报告 TR 38.901，对适用场景、天线模型、路径衰耗模型和快速衰落模型等做出了详细的定义。以下简单介绍其路径衰耗模型。

如图 6-1 所示，定义室外基站天线高度为 h_{BS}，移动台天线高度为 h_{UT}，基站天线到移动台天线的直线距离为 d_{3D}，水平距离为 d_{2D}。如移动台天线处于室内，则相应定义 d_{3D-out}、d_{3D-in}、d_{2D-out} 和 d_{2D-in}，注意到有：

$$d_{3D-out} + d_{3D-in} = \sqrt{\left(d_{2D-out} + d_{2D-in}\right)^2 + \left(h_{BS} - h_{UT}\right)^2}$$

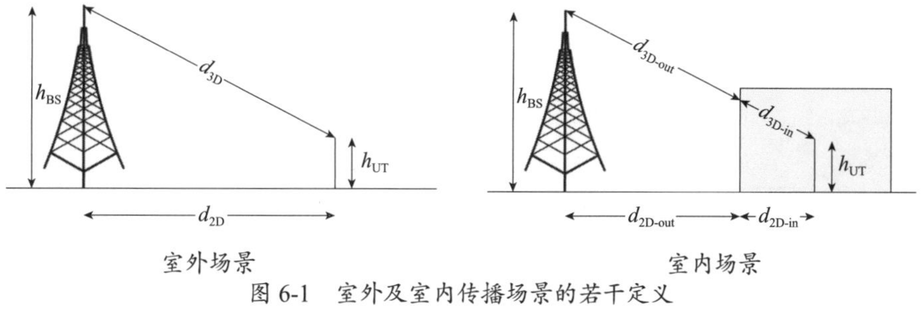

图 6-1 室外及室内传播场景的若干定义

3GPP 的路径损耗模型及其使用范围和默认参数如表 6-4 所示。

表 6-4 3GPP 0.5~100GHz 路径衰耗模型

场景	LOS/NLOS	损耗模型（路损/dB，频率/GHz，距离/m）	阴影损耗（dB）	适用范围及默认参数
RMa农村宏蜂窝	LOS	$PL_{RMa\text{-}LOS} = \begin{cases} PL_1 & 10m \le d_{2D} \le d_{BP} \\ PL_2 & d_{BP} \le d_{2D} \le 10km \end{cases}$ $PL_1 = 20\log_{10}(40\pi d_{3D} f_c / 3) + \min(0.03h^{1.72}, 10)\log_{10}(d_{3D})$ $\quad - \min(0.044h^{1.72}, 14.77) + 0.002\log_{10}(h)d_{3D}$ $PL_2 = PL_1(d_{BP}) + 40\log_{10}(d_{3D} / d_{BP})$	$\sigma_{SF}=4$ $\sigma_{SF}=6$	$h_{BS}=35m$ $h_{UT}=1.5m$ $W=20m$ $h=5m$ $h=$平均建筑盖度 $W=$平均街道宽度 适用范围： $5m \le h \le 50m$ $5m \le W \le 50m$ $10m \le h_{BS} \le 150m$ $1m \le h_{UT} \le 10m$
	NLOS	$PL_{RMa\text{-}NLOS} = \max(PL_{RMa\text{-}LOS}, PL'_{RMa\text{-}NLOS})$ for $10m \le d_{2D} \le 5km$ $PL'_{RMa\text{-}NLOS} = 161.04 - 7.1\log_{10}(W) + 7.5\log_{10}(h)$ $\quad - \left[24.37 - 3.7(h/h_{BS})^2\right]\log_{10}(h_{BS})$ $\quad + \left[43.42 - 3.1\log_{10}(h_{BS})\right]\left[\log_{10}(d_{3D}) - 3\right]$ $\quad + 20\log_{10}(f_c) - \left\{3.2\left[\log_{10}(11.75h_{UT})\right]^2 - 4.97\right\}$	$\sigma_{SF}=8$	
UMa城市宏蜂窝	LOS	$PL_{UMa\text{-}LOS} = \begin{cases} PL_1 & 10m \le d_{2D} \le d'_{BP} \\ PL_2 & d'_{BP} \le d_{2D} \le 5km \end{cases}$ $PL_1 = 28.0 + 22\log_{10}(d_{3D}) + 20\log_{10}(f_c)$ $PL_2 = 28.0 + 40\log_{10}(d_{3D}) + 20\log_{10}(f_c)$ $\quad - 9\log_{10}\left[(d'_{BP})^2 + (h_{BS} - h_{UT})^2\right]$	$\sigma_{SF}=4$	$1.5m \le h_{UT} \le 22.5m$ $h_{BS}=25m$
	NLOS	$PL_{UMa\text{-}NLOS} = \max(PL_{UMa\text{-}LOS}, PL'_{UMa\text{-}NLOS})$ for $10m \le d_{2D} \le 5km$ $PL'_{UMa\text{-}NLOS} = 13.54 + 39.08\log_{10}(d_{3D}) +$ $\quad 20\log_{10}(f_c) - 0.6(h_{UT} - 1.5)$	$\sigma_{SF}=6$	$1.5m \le h_{UT} \le 22.5m$ $h_{BS}=25m$
		Optional $PL = 32.4 + 20\log_{10}(f_c) + 30\log_{10}(d_{3D})$	$\sigma_{SF}=7.8$	
UMi - Street Canyon 城区微蜂窝 —— 街道峡谷	LOS	$PL_{UMi\text{-}LOS} = \begin{cases} PL_1 & 10m \le d_{2D} \le d'_{BP} \\ PL_2 & d'_{BP} \le d_{2D} \le 5km \end{cases}$ $PL_1 = 32.4 + 21\log_{10}(d_{3D}) + 20\log_{10}(f_c)$ $PL_2 = 32.4 + 40\log_{10}(d_{3D}) + 20\log_{10}(f_c)$ $\quad - 9.5\log_{10}\left[(d'_{BP})^2 + (h_{BS} - h_{UT})^2\right]$	$\sigma_{SF}=4$	$1.5m \le h_{UT} \le 22.5m$ $h_{BS}=10m$
	NLOS	$PL_{UMi\text{-}NLOS} = \max(PL_{UMi\text{-}LOS}, PL'_{UMi\text{-}NLOS})$ for $10m \le d_{2D} \le 5km$ $PL'_{UMi\text{-}NLOS} = 35.3\log_{10}(d_{3D}) + 22.4$ $\quad + 21.3\log_{10}(f_c) - 0.3(h_{UT} - 1.5)$	$\sigma_{SF}=7.82$	$1.5m \le h_{UT} \le 22.5m$ $h_{BS}=10m$
		Optional $PL = 32.4 + 20\log_{10}(f_c) + 31.9\log_{10}(d_{3D})$	$\sigma_{SF}=8.2$	

续表

场景	LOS/NLOS	损耗模型（路损/dB，频率/GHz，距离/m）	阴影损耗（dB）	适用范围及默认参数
InH-Office室内热点	LOS	$PL_{InH-LOS} = 32.4 + 17.3\log_{10}(d_{3D}) + 20\log_{10}(f_c)$	$\sigma_{SF} = 3$	$1m \leqslant d_{3D} \leqslant 150m$
	NLOS	$PL_{InH-LOS} = \max(PL_{InH-LOS}, PL'_{InH-NLOS})$ $PL'_{InH-NLOS} = 38.3\log_{10}(d_{3D}) + 17.30 + 24.9\log_{10}(f_c)$	$\sigma_{SF} = 8.03$	$1m \leqslant d_{3D} \leqslant 150m$
		Optional $PL'_{InH-NLOS} = 32.4 + 20\log_{10}(f_c) + 31.9\log_{10}(d_{3D})$	$\sigma_{SF} = 8.29$	$1m \leqslant d_{3D} \leqslant 150m$
InF	LOS	$PL_{LOS} = 31.84 + 21.50\log_{10}(d_{3D}) + 19.00\log_{10}(f_c)$	$\sigma_{SF} = 4.3$	
	NLOS	$InF-SL: PL = 33 + 22.5\log_{10}(d_{3D}) + 20\log_{10}(f_c)$ $PL_{NLOS} = \max(PL, PL_{LOS})$	$\sigma_{SF} = 5.7$	
		$InF-DL: PL = 18.6 + 35.7\log_{10}(d_{3D}) + 20\log_{10}(f_c)$ $PL_{NLOS} = \max(PL, PL_{LOS}, PL_{InF-SL})$	$\sigma_{SF} = 7.2$	$1m \leqslant d_{3D} \leqslant 600m$
		$InF-SH: PL = 32.4 + 23.0\log_{10}(d_{3D}) + 20\log_{10}(f_c)$ $PL_{NLOS} = \max(PL, PL_{LOS})$	$\sigma_{SF} = 5.9$	
		$InF-DH: PL = 33.63 + 21.9\log_{10}(d_{3D}) + 20\log_{10}(f_c)$ $PL_{NLOS} = \max(PL, PL_{LOS})$	$\sigma_{SF} = 4.0$	

6.1.2 云化多维度网络评估

未来5G进入规模建设阶段，如何在有限站点资源的情况下，实现5G快速部署是目前运营商亟须解决的难题。

业界普遍认为，5G网络首批将部署于楼宇和人流分布密集的城市场景，例如CBD、交通枢纽等，密集城市场景的复杂的无线环境带来深度覆盖的需求。

因此，唯有多样化的站点形态（宏基站、杆站、室内站等）才能够应对室内外全覆盖部署场景需求，实现室外连续覆盖和室内外热点容量要求。其中，5G小基站小型化、易部署等多个特点，将在5G时代大放异彩。所以通过宏微结合实现三层异构组网将是未来的发展方向，通过合理设置分层网络的分流参数，平衡负载和用户感知，以解决热点区域的不同业务需求，这对于网络规划提出的重大挑战是如何精准定位弱覆盖区域和热点流量区域。

对于精准定位补盲补热区域的问题，可行的解决方案是采用多维度评估的方法，综合使用无线仿真、综合指数评估、DT测试和MR数据分析等手段，深度挖掘现网存在问题，并根据上述多个维度的网络覆盖情况比较分析，提出重点突出、等级鲜明的站点规划部署建议。

①无线仿真是指利用规划仿真工具，使用数字地图、基站工程参数和测试数据建立网络模型，通过系统仿真运算得到网络覆盖预测、干扰预测和容量评估结果。无线仿真通过对现网RSRP覆盖率的评估从而可以发现弱覆盖区域，为新的站点选择提供参考。无限仿真是一种常见而成熟的网络规划方法，但也有一定的局限性。首先，仿真输入参数的准确性直接影响仿真结果。只有当输入参数与实际情况相一致时，仿真结果才能接近实际情况，才能指导实际的网络规划、建设和优化。另外，由于真实环境和网络的复杂性，通过简化真实环境和网络的建模来实现仿真，在建模过程中不可避免地会引入误差。建模过程中引入的误差主要

来自仿真模型、地图精度、业务分布和业务模型偏差。因此，运营商不能完全依靠无线仿真来定位弱覆盖区域，而应结合其他辅助手段来更贴近实际。

②综合指数评估一般是通过收集近 3~6 个月投诉数据，小区高干扰、弱覆盖无线接通率等相关指标来统计分析发现可能存在的问题，并作为重要的网络质量评估参考。

③ DT 测试：Driving Test，路测是使用车载或手持设备沿指定的路线移动测量无线网络性能的一种方法，进行不同类型的呼叫，记录测试数据，统计网络测试指标。在 DT 中模拟实际用户，不断地上传或者下载不同大小的文件，通过测试软件的统计分析，获得网络性能的一些指标。如 RSRP、SINR 等直接反映网络指标的客观参数，将每个测试位置上的量化数据投影到平面地图中，从而找出弱覆盖区域。DT 测试分析的优点是能获取相对客观的现网数据，能够较为科学地实现覆盖补盲，完成数据分流的规划工作，其缺点则是每次测试都需要支出较为高昂的成本，且受现场环境影响可能无法遍历所有覆盖区域，同时测试结果也受到现网基站运维影响，测试区域内的基站故障会使测试结果呈现伪弱覆盖现象。

④ MR 数据分析的具体原理是通过网关收集用户终端使用数据并加以分析，通过用户数据反馈该区域信号 RSLP 及 SLNR 等信息，将信息及地图栅格整合可得输入覆盖区，再通过加站判决，进而输出补点建议。MR 数据分析的优点在于可直接通过用户终端采集数据后台加以数据分析，即可得出精准的补点信息，方便快捷、成本低，常用于批量补点；其缺点则在于基于用户行为及习惯，当用户量尚未达到一定规模时，将导致采样数据过低，数据参考性下降，只有当网络跟用户规模达到一定程度时，MR 数据分析才能较为精准地体现网络覆盖情况和业务流量分布。

通过多维度评估，可得出较为精准的新增站址，建议在此基础上，运营商不仅需要对新建站点的覆盖区域和容量进行价值评估，还需要提供多种维度，对新建站点进行评估，以对新加站点根据优先级和预算来选择价值较高的站点优先实施。

6.1.3 无人机辅助设计

在网络规划时，为了确保准确获取网络的实际情况，运营商必须通过勘察测试等现场工作获取基站天线经纬度、天线挂高和方向下倾的工程参数及网络实际数据，而传统的人工作业方式，设计人员需到现场收集基站规划数据所耗费较多的人力及时间，同时还可能受环境阻挡、物业阻挠等各种客观因素影响，而不能全面收集到基站数据，最终导致采集到的数据缺乏全面性及科学性。随着民用工业级无人机技术的成熟，无人机辅助基站设计成为一种有效的补充手段。

与传统的人工采集方法相比，无人机勘测辅助设计具有以下优点：利用无人机采集基站数据，可以减少人力投入，有效避免人员登塔的危险性，全面提高工作效率，解决人工采集数据受基站周围环境的限制的问题，有效减少了仪器或人为因素造成的误差，采集的基站工参数据更加准确可靠。

以某市公园基站作为实例，该站位于公园内的主干道旁，周边树木林立，对勘察人员在杆塔下方测量基站经纬度及观察杆塔平台资源、测量小区方向等工作形成了遮挡，故将采用无人机进行基站参数采集。

（1）数据采集。本次无人机辅助提取 TD 系统基站工参，站点位于美化路灯杆 2 层平台，按照上面介绍的方法对该站点进行工参数据采集。

（2）实际工参与无人机采集数据对比。相关数据采集完成后，使用特定的软件 SkyMeasure 对其进行处理，分析提取出该站点经纬度、天线挂高、天线方向角、天线机械下倾角等工参数据，并将站点的实际工参与无人机采集到的工参数据进行对比，其结果如表 6-5 所示。

表 6-5 勘察结果

	经度	维度	天线挂高/m	天线方向角	天线机械下倾角
实际工参数据	113.333.300	23.124.430	25.0	0/140/280	5/7/5
无人机采集数据	113.333.239	23.124.413	24.8	0/143/276	5/7.9/5.69

（3）误差分析。从以上实例可看出，在用无人机方式采集到的工参数据中，经纬度基本与手持 GPS 测量数据吻合，天线挂高误差不超过 1m，天线方向角与现网数据误差在 5° 以内，天线机械下倾角误差在 1° 以内，误差在工程设计允许范围内，相比传统的人工采集数据的方式准确性和时效性更高。

无人机应用效果对比分析：

（1）节约工具成本。分析常规的设计工具与无人机在单套硬件上成本的对比，无人机在单套工具成本上比常规工具节约了约 50%。

（2）规划效能提升。无人机具有飞行速度快、障碍少、采集效率高等特点，现以 1 天 8 个工作小时的规划站点数为基准，对比传统人工方式与无人机规划选址方式的时间效率。无人机在效率方面比人工方式提升约 1 倍，则相应规划进度可提升约 1 倍。

（3）工参提取效能提升。无人机具有飞行速度快、障碍少、采集效率高等特点，现以 1 天 8 个工作小时规划站点数为基准，对比传统人工方式与无人机辅助方式的工参提取效率，无人机在工程参数采集方面可提升效率约 50%，省去了人工上塔的时间，降低了安全风险。

（4）采集数据更全面、更准确。对比现有人工采集手段，通过无人机技术可获得更全面、更准确的规划设计数据。

（5）实际应用情况。目前广西某运营商已将无人机应用于基站选址及巡检。从实际使用效果来看，利用无人机进行勘察，可实现 10 分钟完成一个高度达 100m 的高山的站点勘察，比传统方式节约了 85%的时间，并且选址和巡检数据的准确性与安全性都有了质的提高，采集数据的准确率从原来的 95%提升到了 99%。

综上，通过对无人机采集方式进行分析，以及对实际案例中现场采集基站数据精确度的研究和无人机应用效果的对比，验证了无人机技术应用于基站工程设计的可行性和有效性。相比过去常规的数据采集手段，运用无人机采集数据具有精确性、效率更高及费用更低等优势。基站建设从前期规划到后期维护优化的整个过程都需要对现场数据资料进行收集分析，只有精确的现场数据才能有效指导基站建设。因此，将无人机应用于基站建设市场前景广阔。目前市场上的无人机存在续航时间短、飞行环境要求严格、使用公共频段容易遭受干扰等不足，未来对于无人机的研究将聚焦于对这些问题的改进，改进后的无人机技术预计将会在基站建设方面有更广泛的应用。

6.2　站址规划

站址规划工作从本质上而言，是将有限的特定的频率资源更加准确有效地投入到需要网络覆盖的空间中，简单来说就是将频率资源如何更加有效地在空间中复用的工作。结合上面提及的 5G 的各个方面，重点阐述在未来 5G 网络的规划工作中，需要关注的有以下 3 个方面。

6.2.1　频率使用

频率资源是影响站址规划的最关键因素，在不考虑容量速率等业务要求的前提下，频率资源在物理上决定了移动无线信号的传播距离。众所周知，电磁波在空气中传播时，必然会出现能量损耗。在传播距离一定的前提下，频率越高信号损耗越大，然而 5G 标准尚在制定之中，传播模型、空口技术、调制方式、双工方式等都没有确定，现阶段难以精确地做出准确的站点规划、链路预算。下面采用 Hata 模型对 5G 基站密度进行分析。

利用目前工业和信息化部已经公开征集意见并最终确定分配的 5G 频段，以及国内运营商目前拥有的频段资源代入链路模型进行分析。

为了使读者更好理解，下面将选取国内典型的移动通信频段中的参考频点进行分析，如表 6-6 所示，例如目前使用的 GSM、CDMA-1X 网络是在 800~950MHz 频段中承载，因篇幅有限，无法一一展开对各个子频段进行分析，故选取 900MHz 频点代表低频段，1800MHz 代表中低频段，而最近公布的 5G 中频资源则以 3500MHz、4900MHz 为代表；最后高频毫米波方面工业和信息化部尚在征集意见中，而且毫米波穿透衰耗极大，只能在视距内传输，预计该频率资源仅限在室分场景使用。

表 6-6　典型频率分析表

类型	典型频段1	典型频段2	参考频点	备注
低频	870~880MHz	935~954MHz	900MHz	2G 频段
中低频	1860~1875MHz	2575~2635MHz	1800MHz	3/4G 频段
中频	3300~3600MHz	4800~5000MHz	3500MHz 4900MHz	2017年11月14日工业和信息化部发布5G中频资源规划
高频	24.75~27.5GHz	37~42.5GHz	—	2017年6月8日工业和信息化部征集毫米波规划意见

接下来，分别将上述代表参考频点进行链路预算分析，结果如表 6-7 所示。

表 6-7　每平方千米基站密度

覆盖类型	900MHz	1800MHz	3500MHz	4900MHz
核心城区	2.1	5.8	15.5	25.5
普通城区	0.9	2.6	7	11.5
乡镇郊区	0.3	0.8	2.3	3.7
行政村	0.2	0.6	1.5	2.5

6.2.2　容量需求

容量方面，首先计算单站容量。

根据上面所述，为确保核心区域采用中频（200MHz带宽）覆盖，一般城区用低频覆盖，郊区及行政村采用CA及频率共享等技术可以满足100MHz带宽要求，容量预算如表6-8所示。

然后将表中容量预算结果代入3GPP定义eMBB场景中的各项需求，如表6-8所示，其中用户体验数据速率是指区域内激活用户的平均上、下行速率，并非峰值速率。

表 6-8　满足 5G 容量基站密度

业务场景	单用户体验数据速率（下行）	单用户体验数据速率（上行）	总体用户密度	用户激活因子	区域流量容量预算（下行）	区域流量容量预算（上行）	基站密度
密集城区	300Mbit/s	50Mbit/s	25000/km^2	10%	750Gbit/（s·dm^2）	125Gbit/（s·dm^2）	125km^2
一般城区	50Mbit/s	25Mbit/s	10000/km^2	20%	100Gbit/（s·dm^2）	50Gbit/（s·dm^2）	16.67km^2
农村城区	50Mbit/s	25Mbit/s	100/km^2	20%	1Gbit/（s·dm^2）	500Gbit/（s·dm^2）	0.67km^2
室内热点	1Gbit/s	500Mbit/s	250000/km^2	—	15Tbit/（s·dm^2）	2Tbit/（s·dm^2）	—

通过表6-8计算，发现5G网络对容量要求很高，在密集城区尤其明显，每平方千米需要125个基站才能满足要求，大约不足100米就需要建设一个基站。结合实际基站建设经验，显然不可能几十米就新建一个宏基站，因此建议采用宏微结合、异构网络、基站共享等技术手段解决。

6.2.3　环境因素

在实际的站址规划中，覆盖规划、容量规划都是建立在理想情况下的方案，为了确保规划能顺利落地，运营商必须对拟建站的位置进行现场勘查。在4G以前，基站勘查主要考虑天线挂高、扇区主打方向是否受遮挡等天馈条件。但进入5G时代，基站对建设环境的要求在悄然发生改变。通过上面所述，可以知道5G所用的低、中、高三个频段中，高频段目前尚未明确，或用于室内分布；而低频段（800~1800MHz）可以在现网站址中通过升级新建基站设施实现，需要新建站址不占大多数。所以进入5G时代，通信基站的建设重点将会是搭建中频段为主的异构网络。结合覆盖链路预算及容量预算可得，在密集城区中平均每100米就需要部署基站，微基站、微微基站将会成为建站主力，因此在现场勘查中，除了天馈条件以外，需要更加关注选定的位置是否能"通光（可接入光纤）通电"，杆体墙体承重、风符是否满足设备安装要求，勘查人员需要从无线单专业向"无线、传输、外电、土建"等多专业发展。

6.2.4　规划小结

上面主要讲述了5G时代站址规划中需要关注的频率使用、容量需求、环境因素三个方面，为了更好地说明问题，以便读者更容易理解，这里采用了典型的数值进行量化分析，许多目前暂时难以获取或篇幅所限无法一一列举的数据，则按现网典型数值处理。当真正从事无人机规划工作时，除了本书提及的各个方面以外，更加重要的是结合实际情况考虑覆盖目标、业务类型、空口技术、特性、设备性能等各种客观因素。

6.3　5G工建要点

相较于4G网络，5G对站址资源和电力供应更为敏感，5G将是宏微结合的超密集异构网络（ultra-dense Hetnets），为了推动未来5G的商用，提前储备站址资源就显得非常重要。此外，由于海量的微小站部署，5G需要采用更为灵活、节能、低成本的供电方式。最后，考虑到超密集型部署场景下的网络运维和优化问题，提升网络智能化能力，实现工参信息远程获取也是未来工程建设需要关注的问题之一。

6.3.1　5G站址储备

随着未来5G超密集网络的部署，站址资源将成为移动基站建设的首要难题，在现行基站工程建设中，常出现站址租赁费用高、建站阻力大（如业主同意，但周边居民反对，电力或传输资源难以到达等）、公共事业单位用地审批流程烦琐等问题，这不仅严重影响工程建设进度，也造成了基站建设成本的大幅上升。因此，在向5G网络演进的过程中，运营商必须未雨绸缪，提前储备站址资源，5G站址具体可以分为宏站和微小站。

1.共址电力铁塔方案

5G宏站的首选方案是共用4G站址，但考虑到由于大规模阵列天线、有源器件等的引入，原有的4G站址不一定完全满足5G宏站的建设需求。因此，进一步拓展宏站站址资源具有现实意义。在特定条件下，运营商可以考虑宏站与电力铁塔共建，目前对于移动基站控制电力铁塔的建设模式，业内已开展了有益的探索。如图6-2所示，2019年8月23日，在福建三明市220kV列西变电站，经过现场人员检测过后正式宣布，三明电网首座"变电站+5G基站"落成，这也是国网福建电力首批5G共享基站。

图6-2　首批5G共享基站

移动基站共址电力铁塔建设需要重点关注三个方面：安全限值、电磁影响及载荷评估。安全限值可以参考《国家电力设施保护条例》实施细则及其他工程建设标准强制性条文进行测算，例如，拟在220kV高压输电塔上45m高处安装天线，经查阅相关设计资料和设备说明书，该塔的呼高（杆塔上的最下层导线垂挂点到杆塔脚地面点的垂直距离）为60m，而架空电力线路导线在220kV时的最大弧垂安全距离及最大风偏安全距离分别是4m和4.5m。因此，在该电力铁塔45m处安装天线设备，可满足国家规定的安全要求。此外运营商还需考虑高压输电线路下方的电磁环境影响，高压电力系统一般采用对称运行方式，中性点直接接地。在正常运行情况下，三相不平衡电流较小，超过30MHz的谐波幅度也很小，一般不对现行移动通信频段造成同频干扰。但是，高压电力系统的对地电压很高，在电力线与大地之间会产生很强的电场，在刮风下雨等恶劣环境下，可能会产生电晕和火花放电，形成强电磁场辐射，因此运营商必须评估天线或设备安装的安全距离，避免在强电磁辐射下电路板功能下降，甚至是电路阻塞或被击穿。在移动基站设计时，运营商还要考虑安装基站设备，对铁塔承重风压等载荷的影响，一般而言，在电力铁塔的使用周期内，移动基站增加的载荷不大，不会对电力铁塔本身造成影响。在满足上述三个基础条件的前提下，共址电力铁塔建设可以作为5G宏站站址来源的有效补充。

2. 微小站灵活选址方案

微小站的选址不仅要匹配网络，覆盖盲点或业务热点的精确位置，还需要充分结合覆盖目标传播环境及造价成本等因素，合理选择部署方式，使得微小站外观与环境协调，可行的方案是合理利用作为公共设施的路灯杆、监控杆、广告牌和公交站牌等资源。

市政路灯杆、监控杆一般高度为6m到20m，基本可满足热点分流或补盲覆盖的需求，如图6-3所示，这种场景下施工改造的影响面较小，建站风险低且建设周期有效缩短，有效盘活了社会资源。值得注意的是，路灯杆由于夜间照明的特点，不一定满足微小站的不间断供电要求，需要加以改造。同时，微小站光缆的布放也存在开挖路面、重复穿管等风险。一种可行的方案是使用高效能的光电复合缆，在就近取电的同时光缆可以和电缆由同一路由引入。另外，使用无线回传的微小站也是可选的解决方案，它能够完美解决光缆最后一步接入的难题。

图6-3　路灯杆、监控杆

广告牌通常有架空型和落地 H 杆型两种。广告牌场景下安装微小站无须做过多的改造，只要合理地利用其槽钢结构，适当增设并加固抱杆以用于微小站或外接天线的安装。由于广告牌通常位于密集人流区域，周边基础设施完善，这也为微小站电源接入创造了条件。同时广告牌还具有隐蔽作用，能使微小站的覆盖达到环境友好，无视觉污染的作用。

公交站牌的作用类似于广告牌，不同的是与站牌相邻的公交站台具有作为小型设备间的潜力，运营商可以在与公交公司沟通后，仿照一体化机柜内部结构定制公交站牌箱体以便用于安装无线设备，这对于射频单元的好处是便于安装和维护，也有利于后期的设备扩容。

6.3.2 供电方式革新

5G 超密集组网对降低网络能耗提出了重大挑战，在传统移动通信系统供电方案中，不同运营商通常部署独立的电源系统、储能系统、网管系统、计费系统，导致运营商不仅初期投资大、运维成本高，且不利于配套供应商的统一管理。

为了实现供电共享打造绿色网络，未来基站电源系统必须对交流配电、开关电源、蓄电池、动环监控，空调、防雷接地及箱体外壳等总体整合，形成更加合理的小型化、集成化的电源系统，以更好地适应微小站快速部署的需要。华为推出的 Power Cube 共享站供电解决方案是一个很好的范例。

Power Cube 采用一体化集成系统，可以支持多家租户接入，节省初始投资。通过增加电源系统容量、配电数和储能系统容量，可以轻松实现更多租户接入，扩容到 4 家甚至更多。在市电不稳定甚至无市电区域，可引进一体化备电油机，同时支持叠加太阳能等清洁能源，进一步降低运营成本。通过 Power Cube 提供的 NetEco 能源网管，铁塔公司与运营商均可设置独立用户界面进入统一的能源网系统中，铁塔公司可以准确统计租户的用电量，还可以定制和管理租户界面信息，为租户配置电表，统计能源利用率，以及分配供电的优先级。

对于皮站、飞站等功耗较小的微小站，可以考虑 POE 供电方式，即使用以太网的传输电缆输送直流电到 POE 兼容的设备上。POE 供电具有两种实现方式，即中间跨接法和末端跨接法。中间跨线法是指使用独立的 POE 供电设备跨接在交换机和具有 POE 功能的终端设备之间，一般利用以太网电缆中没有被使用的空闲线对来传输直流电；末端跨接法是将供电设备集成在交换机中信号的出口端，这类集成连接一般都提供了空闲线对和数据线对"双"供电功能，其中数据线对采用了信号隔离变压器，并采用中心抽头来实现直流供电。

6.3.3 工参远程获取

随着未来 5G 基站的密集部署，实现天线工参远程获取愈发重要。一方面，从网络质量的角度考虑，如发生由台风、雨雪天气等自然灾害或人为因素导致的天线状态变化，有很大可能会严重影响网络性能，实测数据表明方位角变化在 5° 范围内对网络性能的影响还相对较小，一旦变化超过 10°，将会引起 RSRP 和 SINR 等关键指标的较大幅度波动。且这种变化缺乏有效的监控，难以定位，从而造成极大的网络安全隐患。另一方面，从网络优化的角度考虑，准确的工参是提升网络优化效率的基础，而传统的工参获取一般通过人工测量的手段，存在人工上塔成本高昂、测量工具精度不一、易产生人为记录误差、数据更新不及时、无法实时获知等问题。因此，在5G工程设计和施工时，运营商需要重点考虑如何实现天线工参自动、远程、实时获取。

对此，主要的解决思路是，在传统天线的基础上增加远程天线拓展（Remote Antenna Extension，RAE）模块，使天线具备可感知能力，能够快速获知天线的安装参数，并存储网络优化的历史调整记录，基于RAE协议（AISG 2.0协议的衍生），网管可以定期甚至实时从RAE模块读取天线工参并作为实际网络优化的依据，而一旦天线因外在的不可抗力因素而发生姿态变化，网管可以实时监测并告警提示，从而提高故障排查率。

目前，机械下倾角、天线挂高、经纬度等主要工参测量已有良好的解决方案，如使用重力传感器测量机械下倾角，使用GPS或北斗卫星定位技术测量经纬度等。而在方位角的测量上，潜在解决方案较多，如太阳光测向、电子磁罗盘侧向、和差波束测向及载波相位差分测向等。

太阳光测向的原理相对简单，即利用缝隙结构跟踪太阳光入射角度的变化，判断太阳光直射的时间，然后根据已知时间查询它的位置，并由缝隙与天线的相对位置判断天线的方位角。这种测向方案的实现成本较低，但测量误差较大，且非常容易受环境的影响，无法满足精准获取天线方位角的需求。

电子磁罗盘测向基于地磁感应原理，利用磁传感器检测地球磁场相对于芯片的方向来计算方位角。众所周知，地磁场是一个矢量，对于某一固定地点，磁场矢量可以分解为两个与当地水平面平行的分量和一个与当地水平面垂直的分量，如图6-4所示。如果保持电子磁罗盘和当地的水平面平行，则电子磁罗盘中磁力计的三个轴就可以和这三个分量对应起来，而对于水平方向的两个分项分量而言，其矢量和总是指向磁北的。电子磁罗盘中的航向角就是当前方向和磁北的夹角。当电力磁罗盘保持水平时，只

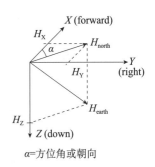

α=方位角或朝向

图6-4　地磁场矢量分解示意

需要用磁传感器的水平方向两轴的检测数据就可以计算出航向角。电子磁罗盘侧向方案实现成本低廉，且响应速度快，但由于天线、抱杆和铁塔等均为铁磁性物质，电子磁罗盘会受其干扰，导致测量值偏差较大。因此，这一方案也不能完全胜任专业工参测量领域。

和差波束测向的原理利用产生和波束及差波束的天线单元，同时对目标信号强度进行测量。由于两种波束相位可预先设定，因此通过信号强度的比较，当差波束与和波束的输出信号强度之差达到最大时，差波束的接收凹点所面向的方向就是卫星的方位角，即天线的方向。和差波束测向方案的部署成本较低，测量精度较高，且不易受天气、阳光的外部环境影响，但存在测量速度慢的严重缺点，因为和差波束在空间的位置是固定的，只有等到GPS卫星运行到和差波束对称剖面中心的方向时才能进行测量。显然这种守株待兔的测量模式，会使和差波束测向方案的可用性受到极大影响。因此就目前而言，和差波束测向方案未能达到5G天线工参测量的要求。

载波相位差分测向方案又称"双GPS"方案，其原理是通过两个GPS，将两台GPS卫星信号接收机的原始数据输出，经精算法处理后精确算出两个天线相位中心的相对位置坐标，据此计算得出两个GPS天线连线的方位角，并同时给出两个GPS天线中心的坐标，通过坐标变换和投影变换转换为当地的平面直角坐标，进而实现定向，如图6-5所示。载波相位差分测向方案的测量精度与两个GPS天线的距离有关，两天线相距越远，方位角测量误差越小。除了具有测量精度高的优势以外，载波相位差分测量方案的测量速度也快，在设备

加电一分钟内即可开始测量并接续、动态输出数据，且测量时完全不受外在环境和地理位置的影响。但由于其需要使用测量载波相位的高精度模块，因此实现成本较高。

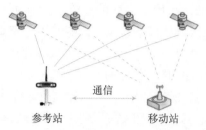

图 6-5　载波相位差分测向原理示意

综上所述，载波相位差分测向方案在测量精度进度、实时性、抗干扰能力等方面的表现均胜于其他方案，因此有望成为未来 5G 天线方位角远程获取的解决方案。

上述天线工参远程获取的思路同样也适用于 4G 基站，运营商可以通过外场测试的开展，提前掌握相关方案的部署要点，积累运营经验。

6.4　5G建设模式

由于站址、频谱等资源的稀缺，建网难度不断增大，建网成本提高而利润下降，网络资源共建共享成为解决网络资源紧张问题的重要途径。5G 网络建设一方面可以延续 4G 时代铁塔共享模式；另一方面可以在运营商之间进行更广泛更深层次的资源共享。

6.4.1　铁塔共建模式

铁塔公司的成立和运营在很大程度上起到了整合运营商铁塔资源、统一运营管理、避免重复建设、节省资本支出的作用，5G 时代对站点密集部署的需求将更加迫切，因此延续铁塔共建模式，成为 5G 网络工程建设的首选方案，但同时也应理性地认识到，并非单纯地利用旧铁塔存量站址即可满足 5G 站点部署的需求。

从网络架构看，5G 频段从低频到高频拓展，站点逐渐加密，网络架构也从宏站向宏微站转变，未来对微小站站址的需求极大，而当前铁塔公司整合的站址资源更多的是宏站站址。

从站点形态看，由于 C-RAN 组网趋势及 CU-DU 分离架构的应用，5G 站点部署越来越灵活，对配套资源的要求也逐步简化，因此目前的一体化室外机柜加杆塔的形态极有可能大规模转向拉远 RRU 加小型化杆的形态。

从站点天面来看，一方面由于新频谱资源的发放，全频段 4T4R 逐渐成为主流配置，天面简单叠加已无法满足部署要求；另一方面大规模 MIMO 作为面向 5G 的关键天线技术，也需要考虑预留相应的天面空间。在德国慕尼黑举办的 2017 全球天线技术暨产业论坛上，华为联合德国 Telefonica 验证并发布了业界首个面向 5G 的天面方案，如图 6-6 所示。该方案由一面 14 端口多频天线和一面 TDD 3.5GHz Massive MIMO 天线

图 6-6　面向 5G 的天面方案

组成，有效解决了天面空间紧张的部署难题。但对比传统的 4G 天面解决方案容易发现，该方案依旧占据了更多的天面空间。

此外，由于天线多频有源一体化的趋势进一步凸显，天线的重量和体积将增加，可能存在批量的存量站址需要经过改造后才可以满足 5G 需求。这在一定程度上带来了新的挑战。

值得运营商注意的还有室内分布系统建设的变化趋势。由于 5G 将启动高频段部署，信号的传播和穿透损耗会加剧。因此单纯靠室外宏站的广域覆盖无法满足室内深度覆盖的需求。需要配合在室内专门建设室分系统，以提供最优质的室内场景 5G 业务。因此，为了保证 5G 移动用户室内外体验的一致性，室分系统的建设就显得尤为重要。

随着 5G 网络的演进，微小站数量和投资占比将呈上升趋势。因此提前做好微小站站址的规划和储备具有重要意义。铁塔公司的微小站规划可以从近期和远期两个思路着手。

对于微小站的近期规划，可以把需求前置。电信运营确定本年度的建设思路和覆盖目标后，可以成立联合规划小组提前获取站址需求。微小站近期规划应立足于运营商规划目标、规划内容深度等。通过宏微结合、宏微转换的组网方式，充分发挥微小站建设周期短、配套要求低、单站造价低、部署灵活等优势，夯实组网覆盖，满足容量需求。

对于微小站的站址选择，铁塔公司要综合考虑无线覆盖、站址布局和天线挂高、地理位置、环境保护要求等因素。在微小站的适用场景上，可优先部署商业街区和城市道路，其次依次是交通枢纽、城市广场、大型场馆、校园、住宅小区、别墅区和党政机关。

微小站规划时，还要注意根据覆盖目标需求，合理选择设备过高控制微小站发射功率和覆盖面积，尽量降低与周边基站的小区干扰。对于新增区域规划，可利用站间距仿真等宏微结合的规划手段，分析出需要储备的站点区域，形成微小站需求储备站址库。同时，微小站的建设方案规划要优先考虑场景是否有杆塔资源。

对于微小站的远期规划，可以着眼于未来城乡规划，以便方便快捷地获取规划审批手续，批量获取站址资源。具体操作时，可选择某片合围的区域，结合微小站的覆盖方式和建筑物结构，进行全网微小站规划。首先，在地图上进行区域内微小站的底层网规划；然后再根据实际勘查情况，对规划站址进行微调。优先将站址布局在公共绿地、市政路灯杆、监控杆等站址资源获取较容易的公共区域，最后再考虑获取难度较大的、产权明确的个人区域。

6.4.2　基站共建模式

基站共享是一种深度共享的建设模式。不同运营商之间只共享站址资源和配套资源的铁塔共享模式，基站共享模式突破了运营商之间独立投资建网的限制，实现了无线接入网甚至是核心网的深度共享。

基站共享架构早在 2005 年就被 3GPP 于 TS 23.251 中提出。根据基站资源共享程度的不同，共享模式主要分为三类：国内漫游共享、RAN（Radio Access Network，无线接入网）共享及站点共享，其基本结构如图 6-7 所示，其中站点共享在我国已由中国铁塔公司基本实现。

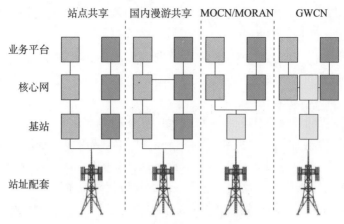

图 6-7 共享模式

国内漫游共享方式：运营商核心网互通，能连到其他运营商的业务层，运营商之间开通漫游权限，核心网以下层面至 eNodeB 网络及设施均相互独立。此种模式适用于某一制式上共享双方覆盖能力悬殊的区域和低话务量农村区域，运营商能直接共享规模及覆盖，基站维护界面清晰，但该模式下双方要在结算问题上达成统一意见，须具备很高的企业互信度及政策支持，在国内实现的难度大。

RAN 共享方式：运营商共享无线接入网，核心网独立，主要有 MOCN（Multi-Operator Core Network，即一套 RAN 同时连接多个运营商核心网节点，共享频谱资源）和 MORAN（Multi-Operator Radio Access Network，即一套 RAN 同时连接多个运营商核心网节点，独立频谱资源）。

另外还有一种承载网共享方式——GWCN（Gateway Core Network，核心网关）共享，共享无线接入网和部分核心网元 MME（Mobility Management Entity，移动管理实体），参数配置的复杂度高，后期优化、维护升级难度较大。为了节约网络投资，缩短网络建设周期，运营商之间在不同程度上达成了共享协议，分享网络资源，RAN 共享是站点共享基础上的深度共享的主要承载方式。

RAN 共享是指单个基站同时虚拟多个运营商的基站，通过基站回传网络分别接入各自的核心网，同时为多运营商用户服务。此方式在核心网层面相互独立，便于规划、建设、维护。3GPP R8 中定义了两种 RAN 共享概念：MOCN 及 MORAN。根据频率确定是否共享划分。

MORAN 是指无线设备同时发射多个载波承载不同运营商的业务，运营商能独立使用各自的频谱资源，小区级特性独立配置，只共享基站硬件资源，在空口资源上无须作改动，且能基本保持同频组网。

MOCN 指无线设备只发射一个载波，所有运营商共用这一个载波，在共享硬件资源的同时还彼此共享频谱资源。在此种方案下，共享站和非共享站之间存在异频切换，小区级特性须由共享双方协商，需考虑空口资源分配问题，资源分配方式大致有以下几种：

（1）所有资源按固定比例划分，空闲资源不提供给对方使用。

（2）部分资源按固定比例划分，其余为共享部分，双方可根据需求占用。

（3）设置共享比例，共享范围内固定分配优先级，双方有需求时按优先级占用资源，其余资源固定分配。独立载波基于共享载波的共享方式，网络复杂度较高，网络优化较复杂，但无线资源利用率更高。

6.4.3 小结

5G 网络的部署，促进工程建设策略及手段的革新。在 5G 网络设计方面，最关键在于 5G 信道建模；在 5G 站址规划方面，需要关注频率使用、容量需求和环境三个因素；在工程建设要点方面，首先是 5G 站址的储备，然后是供电方式的革新及最终满足 5G 的实际部署和节能需求；在工程建设模式方面，建议在传统的铁塔共享模式之外，鼓励基站共享模式、小站众包模式等的创新和实践。此外，对铁塔公司而言，应该提前谋划做出相应的策略改变以更好应对 5G 的到来。

参考文献

[1] 张建国，杨东来，徐恩，等 . 5G NR 物理层规划与设计 [M]. 北京：人民邮电出版社，2020.

[2] 王强，刘海林，黄杰，等 . 5G 无线网络优化 [M]. 北京：人民邮电出版社，2020.

[3] 王霄峻，曾嵘 . 5G 无线网络规划与优化 [M]. 北京：人民邮电出版社，2020.

[4] 王振世 . 一本书读懂 5G 技术 [M]. 北京：机械工业出版社，2020.

[5] 刘光毅，黄宇红，向际鹰，等 . 5G 移动通信系统：从演进到革命 [M]. 北京：人民邮电出版社，2019.

[6] 张传福，赵燕，于新雁，等 . 5G 移动通信网络规划与设计 [M]. 北京：人民邮电出版社，2020.

[7] 汤昕怡，曾益，罗文茂，等 . 5G 基站建设与维护 [M]. 北京：电子工业出版社，2020.